夏野剛

グーグルに依存し、アマゾンを真似るバカ企業

135

まえがき

「クラウドコンピューティング」という概念が、今後のインターネットのあり方を変えていくものとして注目されている。簡単に言えば、「クラウド」はインターネットを表す「雲」という意味。ハードウェア、ソフトウェア、データのリソースをネット上のサーバー経由で利用する環境や、その利用スタイルを指している。グーグルの「Ｇｏｏｇｌｅ Ａｐｐｓ」や「Ｇメール」などが例として挙げられるだろう。

クラウドコンピューティングの関連書籍はバカ売れし、ＩＴアナリストによる講演には多くの人間が集まり、連日のようにブログで話題になっていた。あたかも、クラウドコンピューティングがネットビジネスを成功に導き、何もかもがうまく転がるようになるための救世主であるかのように。

以前にも同じようなことがあった。そう、「ウェブ２・０」という言葉が盛んに使われるようになった2004年以降のことだ。本質を捉《とら》えていようがいまいが、「次世代のウェブのカタチ」として大いにもてはやされた。特に発信する内容を持たないにもかかわらず、「とりあえず」開発者ブログを始めてみたり、社内での情報開示やコミュニケーションを充実させようと社内SNSを構築したり。

果たして、いまでも活発に利用している企業がどれくらいあるだろうか。

アマゾンやmixiのように成功する企業が現れると、同じように、新しいウェブの技術を駆使しさえすれば、自分たちのビジネスもうまくいくに違いないと思ってしまう企業が多すぎるのだ。

しかし、一度我が身を振り返ってみてほしい。あなたがいま手がけている商売に、それらは本当に必要なのか。もっと根本的なビジネス展開に関しても、もう一度考えてみてほしい。

確かに、IT革命がもたらした情報流通の超高速化は経営環境の変化を加速させた。「ドッグイヤー」と呼ばれていたITによる時代の変遷スピードは、「マウスイヤー」と言われるようにもなった。それに伴う商品やサービスの変化は、過去の経験にあてはまらない進化をもたらしている。

例えば、音楽は店頭で買うものからウェブでダウンロードするものへ、コミュニケーションは電話よりケータイメールへ。

企業側からしてみれば、インターネットにより業務形態が著しく変化を遂げた部分もある。わかりやすい例が、ネットショップだ。在庫管理や顧客対応はもちろん、インターネットは流通のあり方まで変えてきた。消費者側も、意識、嗜好《しこう》、そして購買行動がめまぐるしく変化していることは一目瞭然《りょうぜん》。3年前に否定せざるを得なかったビジネスモデルが、いまでは現実味を帯びている。

だからといって、「ビジネスにインターネットを使えば何もかもが成功する」と考えるのは大きな間違いだ。インターネットとは単なるインフラであり、その技術はビジネスに利用できるツールでしかない。

今年4月、USENが運営していた無料映像配信サイトの「Gyao」が、ヤフーに売却され、ヤフー動画に統合されることが発表された。2005年にサービスを開始し、広告収入を頼りに運営を続けてきたGyaoだったが、4年以上経っても経営赤字を解消することはできなかった。

また、ネオが2006年から運営していたブロードバンド映像配信ポータルサイト「ミランカ」もこの6月末で運営を停止した。映画や海外ドラマ、バラエティ番組などを有料配信していたが、運営を維持できるまでの収益を出すことができなかった。

これらの例に限らず、ネットの特性を生かし、それによって得たメリットを消費者に還元しているとは言い難いビジネスがネット上には大いに散見される。

グーグルのおかげで検索技術が発達し、情報が簡単に入手できるようになったおかげで、誰でも簡単にウェブビジネスを始められるようになった。しかし、失敗しているのは、その本質が理解できていない企業ばかりだ。

これは、いま日本の企業を引っ張っている経営者がインターネットに対してほとんど興味を持たず、もっと言えば「無知」であることがひとつの大きな原因であろう。「とりあえずネットを使って既存のサービスを提供しておけばいい」という考えが透けて見えるのだ。

世界有数のネットワークインフラを持ち、高機能なケータイ端末を使いこなす日本人が、ＩＴビジネスの世界ではアメリカにいかに後れをとっているか。ひとえに、ＩＴビジネスを理解し、牽引《けんいん》していくリーダーが各々の会社に存在していないからだとしかいいようがない。

日本人には、〝日本はダメだ論〟の好きな人が多いようだが、そこに甘んじている場合ではない。

まずは、自社の手がけているネットビジネスが効率的に稼働しているのか、そうでなければ何が問題なのかを見極めること。インターネットを使えば何もかもがうまくいく、そんな幻想を持っているうちは、何も始まらない。

グーグルに依存し、アマゾンを真似るバカ企業／目次

構成　野田幾子

第一章 日本のウェブビジネスはなぜ儲からないのか

第一節　ウェブビジネスに対する幻想を捨てよ！

ウェブ2・0とは何だったのか

ウェブ2・0という言葉が「死語」になって久しい。

ウェブ2・0は、アメリカのIT系出版社である「オライリーメディア」の社長、ティム・オライリーが2004年に提唱した、ウェブの新しい利用法を総括する概念だ。

ごく簡単に言うと、ウェブの技術、サービス、ビジネスモデルの進化により、インターネットを介して送り手と受け手が流動化し、そのコミュニケーションと相互作用によって「新しい価値」が生み出される仕組みのこと。

例えば、1990年代には一方的に閲覧するだけだった「ホームページ」が、ウェブ2・0時代になるとHTMLの知識なしでも簡単に情報を発信でき、双方向のつながりを持たせられる「ブログ」へと変化した。結果、安いコストで多くのコンテンツが日々更新され、ユーザー同士の「口コミ」が商品購入の参考意見として大きな力を持つようになった。

ユーザー間のネットワークが新たな出会いを生み、コミュニケーションの活性化が価値へと変貌していく「ＳＮＳ」が爆発的人気を誇り、いまや国内ＳＮＳの最大手「ｍｉｘｉ」の会員数は１５００万人以上。その名前は解説不要なＳＮＳの代表例として浸透した。

契約企業数が約７万件を超えたインターネットショッピングモールの最大手「楽天市場」や、ユーザー同士による膨大なレビュー、レコメンデーション機能が特徴のインターネット通販サイト「アマゾン」。

また、女性から圧倒的な支持を受けているコミュニティサイト、「クックパッド」もいい例だ。ユーザーが投稿した様々なレシピが掲載されているが、その種類・品目数はあらゆる書籍や料理学校を上回っている。レシピという一ユーザーに身近なコンテンツをユーザー自身に投稿してもらうシステムが莫大なボリュームにつながり、有名な料理人やカリスマ主婦のレシピではないところが、逆に利点となっている。

そして、グーグル。「世界中の情報を整理し、世界中の人々がアクセスできて使えるようにすること」という、とほうもなく壮大で奥深いミッションを定義するこの会社は、成功企業としてはいささか言い古されている感がある。しかしながら私の口からも、やはりすごいとしか言いようがない。

　グーグルの提供するサービスが、他と何が違い、突き抜けているのか。それは、徹底的なユーザー目線を貫き通している点だ。既存勢力との軋轢《あつれき》など、まるで恐れない。例えば、プライバシー侵害の懸念による物議を方々で醸した「ストリートビュー」しかり、著作権問題で各国に波紋が広がった「ライブラリ」しかり。

　もう少々細かい話で言うと、広告サービス「アドセンス」もそうだ。これまでは広告掲載のためには広告代理店を経由するのが当たり前だった中、アドセンスはいとも簡単に広告代理店をスルーし、ユーザーが直接広告を申し込めるシステムを創り上げた。

ウェブ2・0はフリーマーケットである

こういったことを、いまや私たちは「当たり前」のように受け入れている。

しかし、ウェブ2・0という言葉が、まるでバブルの如《ごと》く躍っていた2004年から2007年頃を思い出してほしい。

　本当にお金になるのだろうか、といぶかしげに思えるビジネスが、雨後の筍のようにあちこちから生えてきていたではないか。しかし、いまとなっては、そういう怪しげなサイトやサービスのほとんどが、なくなっている。

私がもしウェブ2・0を知らない人に、ひと言で説明するとしたら、こう言うだろう。

「ウェブ2・0とは、フリーマーケットだ」

ネット上では、グーグルなどの検索技術を駆使して表面上の情報を入手すれば、誰でも簡単に「起業」できる。

つまり、フリーマーケットのように、何かを売りたければ、いつでもウェブ上に露店を開いて売り始められる。何も専門家でなくてもかまわないし、やろうと思って行動しさえすれば、すぐに実現する。そういう意味では、主催者がいなければ出店できないフリーマーケットよりもエントリーバリアは低い。

しかし、「エントリーバリアの低い＝誰でも参加できる」ウェブ2・0は、必然的に玉石混淆《こんこう》となる。

儲けたいと思って仕入れをしてみたもののまるで売れず、結局は自分の身の回りのものを売って満足して終わった、というケースもあるだろう。売買をすることそのものを楽しみと捉えてやっている人も少なくない。

「エントリーバリアの低さ」が災いするのは、何も個人のビジネスに限らない。

ウェブ2・0がバブルのようにもてはやされていた頃は、その言葉に踊らされて、これまでインターネットを使ったサービスにまるで見向きもしなかった企業さえも、ウェブ事業に乗り出した。

「何かやらなければいけない」と気ばかりが焦ってしまい、結局、業種や商品、サービス形態など、自分たちの強みをまるで考えることなしに、「皆がやっているから」という理由だけで始めた事業は大体失敗している。

ウェブ2・0の代表例として挙げられるSNSでも、「うちも何か作らなくちゃ」とばかりに焦って作ったものは既に崩壊している。とりあえず作った「スタッフブログ」などは、更新されなくなる。コンテンツとしての魅力を得ることができず、廃れていく。

しかし、本当に面白いものは定着しているのがいまの時代だ。

ブログでも常に更新され、しかも中身が面白ければ着実に読者や支持者が増える。

芸能人やアーティストでも、本人がまめに更新しているブログは人気が高く、より近しい存在に感じてコアなファンも増える。逆に、読者にはわからないだろうとマネジャーが適当に更新している感のあるブログは生き残っていない。ユーザーは、適当にあしらわれるほどバカではない。

SNSは社会的インフラになり得ない？

ＳＮＳの国内最大手、ｍｉｘｉは、収入のほとんどを広告に頼るビジネスモデルを展開しているが、２００９年３月には、１２０億円の売上で37億円の利益を出した。この事実を「儲かっているかそうでないか」で見ると、数値の上ではかなり儲かっている部類といっていい。

だがこのｍｉｘｉでさえ、時価総額が７００億円（２００９年６月）もあることを考えると、たいして儲かっていないという言い方をする人もいる。

「バブル」のさなかで期待が大きく、一時期は時価総額が１０００億円を超えていただけに、「儲かっていない」という言い方をしているのかもしれない。

バブルの最中にオーバーバリュエーション（過大評価）されているから期待したほど儲からない、という見方は正しいと思うが、黒字か赤字かという意味では断然黒字だろう。しかも利益率という意味では、非常に高い数字を出しているのだから。

成功の秘訣は、ＳＮＳが持つ「出会い系サイト」としての力が大きい。皆はあまり認めたがらないが、ハッキリ言ってｍｉｘｉをはじめとするＳＮＳは「出会い系」だ。

DeNAが運営するケータイ総合ポータルサイト「モバゲータウン」も同様。

しかし、それは同時に、インターネットの大きな特徴を示している。

個人のユーザーが「知らない人」、しかも「自分の趣味に合っている人」に出会いたいというふうに、条件を絞って人を探すのに、インターネットは抜群に威力を発揮する。さらに自分の情報を発信することで、自分と合いそうな人と出会えるという可能性が飛躍的に高まった。

しかし、SNSの現状と展望も、決して明るいだけではない。

二大巨頭であるmixiもモバゲータウンも、軒並み売上成長率が止まってしまっている。mixiに至っては成長率が著しく鈍化している。今年5月には、2010年3月期の連結営業利益が、前期比15・1パーセント減の32億円になる見通しとの発表があった。2006年の上場以来二桁成長を続けた同社が、初の減益発表だ。

同じSNSのグリーは上場したばかりなのでまだ見えていないが、この鈍化の傾向は間違いないと思う。

つまり、皆が上場のときに期待していたほどのビジネス規模になっていないという状況が見え始めている。

その割には、時価総額はまだ高い。それだけまだＳＮＳに期待が寄せられているということだろうが、実際に時価総額に見合う規模に会社が成長するかどうかが問われるところに来ているのではないだろうか。

そこへ、２００９年2月〜4月にかけて、ＳＮＳ運営6社に警視庁から「出会い系サイトと同様の書き込み」の削除要請が来てしまった。

携帯電話向け健全サイト認定のための認定機関「モバイルコンテンツ審査・運用監視機構（ＥＭＡ）」なるものが２００８年４月に設立されているはずなのだが、ＥＭＡに審査料を払ってきっちり認定されているはずのｍｉｘｉやモバゲータウンが、結局警察からコンテンツの排除要請を受けてしまった。

これは、認定機関が実はまったく働いていなかったということを示すと共に、警察から見て社会に悪影響を及ぼすようなことが行われていると、公的に認めているようなものだ。そういう負の面がクローズアップされてしまったこともあり、ＳＮＳは今後「社会的インフラ」と呼べる存在にまで伸びるかどうか、微妙なところに来ていると言える。

新しい価値とビジネスモデルを

今後もそういう傾向自体は強まっていくだろう。ただ、それが悪いと言っているのではなく、そういう状況が明らかになっているがために、これまでのような二桁成長はもう望めないということだ。

事実、広告収入の伸びも鈍化している。

コンテンツ排除要請が広告収入減の直接の問題ではないとしても、SNSに掲載される広告は、広告商品として新しいものが生み出されているわけではない。SNSの成長を考えると、この点はかなり重要なポイントになる。

例えばグーグルは、広告商品としてアドセンスというまったく新しい形態の広告を生み出した。ではSNSはどうか。いまのところ別段何を生み出すわけでもなく、アフィリエイト、テキストリンク、バナー広告など、従来の広告システムを使い続けているだけだ。

ここで求められているのは、サービスとしての新しさだけではなく、ビジネスモデルとしての新しい提案だ。

例えばグリーは、当初ほとんどを広告収入に頼っていたが、携帯電話の「グリープラス」やパソコン向けの「グリープレミアム」といった有料会員からの収入確保にも成功し始めた。アバターやゲームをはじめとするコンテンツ、広告、有料会員収入といった複合型ビジネスモデルを確立し、経常利益57パーセントという高い収益性を得るサービスへと進化している。

このように同じSNSでも進化のベクトルが異なるわけだが、いずれにしてもこれ以上の成長に必要なのは、社会に対してインパクトを与えたり、まったく新しい効果のあるビジネスモデルの提案、さらには顧客がそのサービスに高い価値を見いだせるような、新しい付加価値を提示していかなければ難しいということが、現在数字として表れてきているのだと思う。

もちろん、各社で努力しているのはわかる。だが、いまは形になって見えてはいない。今後に大いに期待したいものだ。

ところで、なぜ私がウェブ2・0系のひとつである動画投稿サービス「ニコニコ動画」に関わっているかというと、ニコニコ動画は世界中どこを探してもやっていなかった付加価値を提供していたからだ。

動画そのものを重要視するのではなく、動画の上にコメントする場を提供し、その楽しみを投稿する側、見る側皆で共有させた。これは当時非常に画期的なことであり、新しい付加価値の提案だった。

だから、この1年間でがらっと投稿内容やサービス内容が変化している。政治家が利用したり、大手企業が「チャンネル」という形でどんどん参入してきたりしているため、収入も上向きになっている。つまり、サービスだけでなくビジネスモデルも一緒に持ち込んでいるのだ。もちろん、いまのところ赤字なのでまだまだ課題は多いが、まったく新しい日本発のサービスとして世界をターゲットに拡大していきたいと考えている。

全体的にウェブ2・0系サービスのほとんどは、まだ新しい価値を提供するところまでは至っていない。新しい価値をもたらすことが、収益鈍化を突破する鍵となるのは間違いない。

当たり前のことを当たり前にやる

ウェブ2・0に限らず、これまで日本ではウェブの価値、そしてウェブビジネスの本質を誤解している企業があまりにも多かったのではないか。

中でも、一番ありがちで大きな過ちは、「リアルビジネスとウェブビジネスは別物」という考え方だ。

実は、ウェブやＩＴというのは、単なるツールにすぎない。つまり、自分が手がけている商売の本質は、ウェブになっても何ら変わらないのだ。

なのに、世の中はインターネットが一般的になったから何かやろうという安易な発想でウェブビジネスを始める企業が多すぎる。まるで、ウェブを使えば悪い点を覆い隠し、何もかもが成功に導かれると思っているかのように。

ネットユーザーの数がいまほど多くなく、マーケットとしてまだまだ小さかった１９９０年代後半までは、ネットユーザーそのものが特殊なターゲットマーケティング、ターゲットセグメントだったため、「何か新しいことを」という考え方もあり得た。

しかし２００９年現在、少なくとも40代以下の人にとってインターネットが使えるパソコンや携帯電話は、既に日常的に使う道具になっている。

そういう時代においては、ネット上で行うビジネスとリアルビジネスの差はほとんどなくなっていると言っていい。

「ウェブだから何か新しいことをやろう」という発想ではなく、「自分のビジネスをウェブを使ってどう強めるか」の方が重要なのだ。

それなのに、「インターネットを使うのだから新しいことができるだろう」と考える人が、いまの時代においてもまだまだ多く見られる。

しかも、この考えを持つほとんどの人が、実は「自分がインターネットを使っていない」。

インターネットを単なるツールとして認識せず、魔法の道具のように考えるから、何もかもがおかしくなる。リアルビジネスと同じく、自分の身の丈を知り、当たり前のことを当たり前にやればいいだけの話だ。これが全然できていない企業が、まだまだ日本には多すぎる。

リアルビジネスでダメな人はウェブでもダメ

これは「ウェブビジネスがなぜ儲からないか」を考える際に大きなヒントとなるだろう。むろん、「おいしそうなビジネスだ」という考え方だけで、己の実力を顧みないことが最大の原因だ。

情報だけはインターネットでいくらでも集まるが故に、経験のない人材だけでも、ある程度のところまではできてしまう。

しかしその先に待っているのは、完全なる失敗だ。

やろうとしている新しい事業をもともと向いていない人に担当させる、あるいは、情報が集まっているからととりあえず新規事業をスタートさせるのは、バブル経済期の多角化経営と同じことだ。不動産のノウハウを持たないのに、ホテル経営に乗り出した会社がたくさん存在していたのを思い出してほしい。

そういう人たちは絶対に儲からない。もともと向いていないわけだから。

何か新しいことをやるのであれば、基本的なことを言うようだが「自分や会社がその新しい事業に向いているか否か」「自分や会社にいる人材が向いている分野、仕事、やり方」をきちんと追求することが大前提になる。

そのツールとしてインターネットを使い、事業を急速に展開していけば何も問題ない。しかし、グーグルがもたらした「超情報化社会」においては、それを考える前に情報だけ集まってしまうものだから、自分たちの適性を考えずに手を出して、結局失敗する。そんな例を、大企業からベンチャー企業に至るまで数えきれないほど目にしてきた。

こうやって文字にして眺めてみると、バブル経済期のビジネスのあり方が、いかに愚かしいものであったかがよくわかる。

どんな時代であろうと、成功させるためのコツは、至極簡単なことだ。

自分の身の丈を知り、自分のできることは何かをきちんと把握する。その上で、できることをコツコツとやっていく。何度も言っているように、「当たり前のことを、当たり前にやる」ということに尽きる。

そもそも、自分の会社や組織、あるいは自分自身が、何をどれぐらいできるかすら把握していないようでは、他人や他社を評価しようがない。自分を知らずして相手を知ることはできない。

さらに言えば、ウェブで儲からない人は、もともとリアルビジネスも儲かっていないケースが多い。

リアルビジネスはウェブビジネスよりも圧倒的にビジネススピードが遅く、ライバルも出現しにくい。本来ならば生き残れるような実力がなかったにもかかわらず、そのおかげでいまだ存在し続けている企業もある。

しかし、それがウェブビジネスの世界で通用するとは考えないでほしい。ウェブビジネスでは何もかもが開示され、企業も人も「裸」になってしまうから。

裸同然に全てをさらけ出されている状況は、顧客から見た企業、部下や上司から見た自分、ライバルから見た自社と、ありとあらゆる関係で生まれる。自分が情報を入手しやすいということは、自分の情報も入手されやすいということだ。ちょっとでも弱みを見せると、そこにライバルはつけ込んでくる。

まずは、実店舗でやっていることから着手する

既存の商店から、ウェブでも事業を始めたい、と相談を受けた際、私は必ずこう言うことにしている。

「まずは、リアルの世界でやっていることは、すべてウェブでもやってください」

その上で、ウェブは実店舗でできないようなことがたくさんできるので、それを志向してくださいと。

例えば、季節ごとの期間限定商品の事前予約などは、ウェブの特徴を生かしたビジネスアイデアと言える。しかし、こういうウェブならではの〝付加価値〟は、クリエイティブな思考を持ち合わせていなければなかなか実現できないものだ。

だから、とにもかくにもリアルの店舗でやってきたことをウェブでも最低限やってから、ウェブ独自の展開として次の手を考えればいい。ウェブビジネスは、顧客の行動履歴なども全部記録が取れるので、クリエイティブな考え方の助けになってくれるだろう。

例えば、アマゾンのビジネスの仕方がもてはやされているからといって、購買意欲をそそるためのレコメンド機能を最初から装備しようと思っても、それはまったくの無駄。

また、ウェブビジネスのノウハウがわかっていない段階で、グーグルを筆頭としたネット上のコンピューティングリソースをあてにした、クラウドコンピューティングありきでの考え方も無駄。

これらは単なる「技術」でしかない。商品の見やすさや目当ての商品を見つけやすくすること、丁寧な梱包技術、素早い発送システムなど、レコメンド機能云々といった付加価値を考える段階まで到達していないことを自覚した方がいい会社が、ザッと見渡しただけでもウェブ上には、数多く見受けられる。

最低限のサービスが整っていないのにもかかわらず、クラウドコンピューティングだとか、属性ごとに何をするだとか……。そういった、「リアル店舗でもやっていないこと」に最初に目を向けてどうするのか。しかも、何だかわからない、ベンダーの見積もりが高いと文句を言っていても仕方がない。

そもそも、ベンダーが提案してくるのであれば、高いのは当たり前だ。身の丈に合ったことをやるのだったらベンダーに頼む前に、リアルな店舗やリアルな場所で現在展開しているビジネスで気を遣っているのと同じぐらい、ウェブの店舗でも気を遣ってもらいたい。

具体的には、ウェブを設計し、顧客が来るような仕掛けを施し、安くできるのだったら価格を下げる。IT革命により流通の仕方が変わったのだから、安くできるはずだ。

まずはその段階をクリアして、次にネットならではのことに着手すれば、ネットでのビジネスは大いに軌道に乗ってくる。

第二節　あなたのウェブサイトがダメな理由

まず登録をさせるサイトはダメ

ウェブサイトの作りが親切でないケースも多い。

例えば、個人情報を先に登録させるサイト。何か買い物をしようとするとまず「登録をしてください」と出てくる。かなり多くの人が、こういった経験をしているのではないだろうか。購買欲を分断されてまで個人情報を入力させられるのは、あまり気分のいいものではないし、もっとハッキリ言えば面倒くさい。面倒だからこの店で買い物をするのはやめた、という人もたくさんいるはずだ。

なぜ、最初に登録させたがるのだろうか?

メンバー登録のために名前や住所を入力して、パスワードとIDを決めている間に、「俺、そういえば何してたんだっけ」という気持ちになってくる。これは、物を買う意欲がなくなる方向に引っ張られているということだ。そこに気がついてほしい。

個人的には、こういった「買い物の最初または途中に個人情報を登録させるサイト」は、最低のシステムだと憤慨しているのだが、巷《ちまた》にはこういうサイトが溢《あふ》れている。そんなことが何度も繰り返されると、「別にここで買わなくてもいいや。楽天に行って買おうかな、楽天なら登録されているし」と、消費者の気持ちは変わってしまうのだ。

さらに細かいところでは、初めて訪れたユーザーに対しても、必ず「カート」を使わせるシステムがある。これも、どうにも解せない。

初めてのユーザーがネットショップを訪れるときというのは、大抵買いたい商品が先に決まっていて、検索サイトの結果を基に訪れるのではないか。

「グーグルで検索したら、探していた商品があった、じゃあ買おう」と、検索結果の上位に出てきたネットショップをクリックする、こんな感じだ。

つまり、もうクリックした時点で購入意志が固いのだから、商品をクリックしたらスムーズに買えるようにしたらいい。

それなのに、カートシステムは必ず「カートの中身を確認する画面」が登場し、そこで決済するという手順がマストになっている。

これは完全に企業側の都合であり、システムの都合に合わせた「供給者主義」だ。システムが組みやすいから、たくさん買う人も一品しか買わない人も共通の処理ができるから、などという言い分は、供給サイドの理屈でしかない。そもそも、顧客のアクションに対して「処理」などという言葉を使うこと自体が失礼な話だ。

一見とリピーターは、対処を異にすべき

「登録ありき」サービスはその店舗から何回も買い物をしようとする人には便利であろう。だが、初回のユーザーをなぜ同じように扱うのかということが疑問なのだ。

初めて来たお客さんにそれなりのケアをするのは、普通のお店なら当たり前に行われていることだ。レストランでも、常連客と初めて訪れた客ではメニューの説明の仕方が違うだろう。このように、なぜ普通のビジネスで当たり前に行われていることが、ウェブビジネスになると、なおざりになってしまうのだろうか。

私は、初回ユーザーが買い物をするインターフェースと、リピーターのインターフェースは別であるべきだと思う。

リピーターの方が何度も訪れている分、便利な機能をたくさん使いこなせるのは明らかだ。もっと言うと、ごく希《まれ》にしか訪れないユーザーと、ヘビーユーザーのユーザーインターフェースは別にした方が、おそらく購入率は上がる。

何度も言うが、ウェブビジネスは決して特殊ではない。リアルで行われているビジネスとまったく同じだ。

郵送するDMも、店舗情報を伝えるメールマガジンも同様。DMには美しい写真や美辞麗句を並べ、受け取った方が不愉快にならないように最大限の気を遣うのに、メールマガジンは担当者に丸投げして適当にニュースを並べる、というのではお話にならない。そうでなくとも、メールマガジンは残念ながらどの客にも同じ内容を垂れ流しているところがほとんどだろう。

ウェブビジネスで成功しているサイトは、決済方法にしてもメールマガジンにしても、ユーザーごとに対応を変えている。購入に関するサービスが徹底しているのだ。

このように、ウェブビジネスは顧客のニーズに合わせて変えるべきだし、ウェブだからこそ、むしろそれがやりやすいことに気がついてほしい。

ユーザーインターフェースを真剣に考える

ほかにも、ウェブビジネスをやる上で考えてほしいことはたくさんある。

まずは、顧客と企業をつなぐウェブサイトのインターフェースを、本気で、真剣に考えること。本格的なネットビジネスが始まってから約10年は経過しているというのに、いまだ中途半端なサイトが多すぎる。これまでインターネットに馴染《なじ》みのなかった普通の人でも、簡単に活用できるサイトがまだまだ少ない。

使われている言葉が難しかったり、次のステップに進みたいのに、自分がいま何をやっているのか、これからどうなるのかがわからなくなってしまったり。もっと、皆が真剣にユーザーインターフェースを最適化すべきだ。これだけで、ネットリテラシーがさほど高くない人でも使えるサイトが、いくらでも作れる。

ビジネスの責任者と、サイトの制作者が分離しているからだろうか、なかなかユーザーインターフェースには着目せず、制作者がこだわりがちなテクノロジーや商品数などに目が向きすぎている印象だ。それは、本当に顧客が求めているものだろうか？

「それはネットだから」という言い訳は、いますぐやめよう。

リアル店舗の売り場を思い出してみてほしい。商品数を多く並べているから売れているのだろうか？　決してそうではないはずだ。お客さんへの気持ちいい対応や、レジの位置、レジを混雑させないといった、ソフトウェアの質を高めることでリピーターが増えていく。

ネットもこれと同じく、ユーザーインターフェースが命だ。

それを、客が入店するなり名前や住所を聞き出し、果てはクレジットカード情報を登録しなければ買い物をさせられないという。リアル店舗で「当店のメンバーにならなければ、買い物ができない」などと言ったら、その店はもう終わりだろう。

リアル店舗であれば、先に買い物をさせて「こういった特典があるからメンバーになりませんか」と勧誘するのが当たり前だというのに、ネットはその工程が逆になっている。それでは、客が買い物を諦めて去ってしまうのは当然だ。

ネットビジネスは、サイトの設計をリアルな売り場設計と同じくらいに気を遣えばもっとうまくいく。自らの行動が、みすみす客を逃していることを認識しよう。

ビジネスチャンスを損なう供給者主義

さらに、ウェブを活用してはいても、情報をうまく「編集」できていないがために、情報を提供するウェブサイトとしては失敗している例も多々見受けられる。

最大の問題は、消費者のことを顧みない「供給者主義」に陥ってしまっていることだ。

例えば、ある大手家電メーカーのウェブサイト。トップページに行くと、家電、カーナビ、掃除機、建物の写真が代わる代わる表示され、どこを押して何をすればいいかがわからない。つまり、ナビゲーションがよく働いていないのだ。消費者は、この会社が何をやっているかを俯瞰《ふかん》しにきているわけではないのに、トップページのあらゆるところを眺めながら次のアクションはどうすべきかを考え込む羽目になる。

そうしてようやくナビゲーションに気がつき、クリックしながら一歩一歩階段を下りていくわけだが、自分が目当ての商品にたどり着くまでの階層が深すぎるのだ。

例えば先日、あるメーカーの布団乾燥機の機能を知りたいと思い、メーカーのサイトの検索窓に「布団乾燥機」と入力したら、200件以上の検索結果が出てきた。しかも、上位に商品の一覧リストページが入っている。検索エンジンをそのまま引っ張ってきて、布団乾燥機の文字があるところを出しているだけだからだ。

別の例も出そう。ある大手自動車メーカーだ。

車が好きで、目当ての車があった場合、まずその製造元である自動車メーカーに情報が豊富にあると考え、訪れる人は多いはずだ。しかし、トップページから飛べる自動車情報ページに対応した車種は非常に少なく、さらに言えば検索窓すらない。トップページに鎮座しているのは、ニュースやイベント情報だ。

「〝co・jp〟サイトは総合カタログページであり、ショールームのような位置づけだ」と言う人もいるだろう。しかし、それは完全に作る側の論理。そんなのは、消費者にとって使いにくく、わかりにくい以上の意味を持たない。

つまり、供給者主義のウェブサイトは、そこで何をさせたいかという目的がまるで明確にされていないのだ。消費者が何を目的に来るのか。特にBtoC企業であれば、〝co・jp〟を訪れた人にすぐさまサービスの利用を促すか、該当のウェブサイトにナビゲートすればいいではないか。

何をオモテ面にするかで、その会社がインターネットをどう使おうとしているのかが思いきり見える。特にいまの時代は、ウェブサイトを見て企業自体が判断されてしまう、すごい世の中になった。ウェブサイトの使い勝手や情報整理方法によっては、ビジネスチャンスの喪失を招きかねないのだ。

ウェブビジネスをリアルビジネスに合わせるという愚策

モノを買うときは、同じ製品であれば、誰もが少しでも安く手に入れたいと思うのが消費者心理というものだ。

大手量販店の場合、店頭では「他店よりも高値の場合はすぐ値引く」と謳《うた》っているのに、「カカクコム」で最安値を比較してみると、リストに入っていたためしがほとんどない。最安値のショップは決まって小規模店舗だ。

例えば、ノートパソコンの「バイオタイプP」の価格比較を見てみたところ、一番安いのは1998年の創業当時からインターネット通販を開始していた激安ショップ、PCボンバーの7万9800円（2009年3月現在）。

大手量販店を見てみると、9万9800円と、プラス2万円になってしまった。別の大手量販店のサイトも見てみたが、おそらく店頭で値引き交渉をやった方が安くなったり、オマケがついたりすると思う。

つまり販売価格を左右するのは、「在庫を抱える、抱えない」の問題ではないということがはっきりしている。店頭で働いている人ありきの、現状の販売のモデルを死守したいということなのだ。

個人ベースでのインセンティブがなくなるのが嫌だという理由で、インターネットでは店頭以上に値引きしない。

しかし、その理論でいけば、そもそもインターネット通販で購入する顧客は店頭に来ないのだから、店員と会うこともなく、対面でのサービスも受けられない。ならば、最初から商品を安く売ってもいいはずではないのか。

同じことが起こっているのは、大手キャリアが提供している携帯電話端末のダイレクトショップ。対面の販売店の方が売値が安く、しかも店舗ごとに価格が異なる。

大手量販店のホームページに行くと、トップページのＦｌａｓｈがいきなり企業広報のキャッチコピーだったりするところもある。

インターネットならではの工夫をこらしているつもりかもしれないが、本当に大切にすべきは買い物をしたい消費者であることをわかっているのだろうかと、首をかしげざるを得ない。昔に比べてがんばっているのも目に見えるのだが、商品の価格も同じでラインアップも同じでは、やはり物足りなさを感じてしまう。

中には、ウェブ店舗だけで毎週限定セールをやっている量販店があるが、こういった工夫をどんどん取り入れるべきなのだ。

ネットだけの付加価値を追求すべし

他のジャンル、書店やCDショップでも考えてみよう。

書店やCDを扱う店舗の多くは、リアルもウェブも両方の店舗を展開している。店頭で望む本を探すという行為は、望む本が決まっている場合は特に面倒に感じるため、インターネット経由で購入した方が断然時間の節約になる。しかも、書籍は重量もあるため、宅配してもらった方がいい。

CDはそういった特性がより顕著だ。店頭で目当てのCDを探す大変さを体験した人も多いだろう。店員に聞かなければ売り場がわからず、場合によっては店員も在庫を把握していない。こうなると悲惨なことになる。

一方で、買うものは決まっていないが本を読みたいというときに、書店はいい。立ち読みなどで、内容をしっかり確認できるからだ。ウェブ店舗で売っている本では、本当に欲しい情報が載っているかどうかが確認できないことの方がまだ多い。

また、書店で書籍を手に取れば、重みや触感がリアリティを持って迫ってくるため、読みたいという気持ちがより掻《か》き立てられる。従って、リアルもウェブも両方ありだと思う。

だが、明らかにネットの方が優位性がある商品ジャンルも存在する。

厚生労働省が、2009年6月からネット販売規制を始めた「薬」が、まさにそうだ。楽天の三木谷社長が反対署名運動をしていることをご存じの方も多いだろう。

自分がいつも買う目薬や湿布薬、風邪薬が決まっているという人は少なくないはずだ。しかし薬局によっては、製薬会社と薬局との関係により全ての薬品を扱っていない場合がある。

私も、欲しい薬を求めてドラッグストアに行っても商品が見あたらず、腹立たしく思ったことがたくさんある。だから、ネットで取り寄せる方が都合がいい。しかも、薬局の開いている時間が決まっていることも考慮するとなおさらだ。

薬は非日常性のものなので、いざというとき、どこに薬局があるかを探すのも大変だ。風邪を引いて初めて薬局に走って薬を買うのはバカげている。常備薬やいつも買う薬を買うときには、ネットの方がはるかに簡単で、しかも安い。

大衆薬の世界は、ドラッグストアは安いが普通の薬局は定価で売っているため、非効率的だと感じることも少なくない。ただ、もちろん、初めての症状でどんな薬を使ったらいいかわからないときには、直接、薬剤師に聞いた方がいい。

このように、薬に関してはどう薬局を使っていくかを顧客が選ぶ問題なので、それを政府が一律にインターネット販売を規制するのは、時代に逆行する愚策だと思う。

官製不況？　薬のネット販売規制

こういう変な政策が出てくるときは、「ネットユーザーでない人が考案したのだな」と思えて仕方がない。薬をネットで販売しない方向へ持っていこうとしているのは、研究会のメンバーのリストを見ると、ほとんどが薬の販売業界の人。リアルな薬局をやっていらっしゃる協会の会長、薬剤師団体、それから薬害にあった被害者の人たちなど。その他には消費者団体（？）の事務局長と名乗る人や無名の大学教授。

つまり、ネットビジネスに携わっている人は皆無なのだ。リアル店舗のビジネスを中心にやってきた人と、薬でひどい目にあっている人中心で、どうしてインターネット販売について議論できるのか、まったくもって理解に苦しむ。

研究会には、後からオンラインドラッグ協会の理事長やネットショッピングモールの人も加わったようだが、そもそも最初の「一般用医薬品のネット販売の是非」を問う議論に、ウェブビジネスを展開している人たちは関わっていなかった。

こういった本末転倒なことを目の当たりにすると、結局はウェブビジネスは軽んじられており、もともと話し合う気などなかったのではないかとしか思えなくなってくる。

インターネット通販の規制の話を、実際にビジネスを展開している人たちを省いて始めるということは、最初から規制ありきで研究会が発足したとしか思えないからだ。

インターネット通販にプラスの話——例えば薬局が遠く、営業時間が決まっているところに行くのが億劫《おっくう》で薬を買わなかった働き盛りの人が、インターネット通販のおかげで風邪や花粉症の薬を購入できるようになった。そういったビジネスオポチュニティはまるで見ようともしない。とにかく、既存のビジネスの体系を守ろうとする。

この薬の例は、ＩＴ革命以前の問題で、とにかく新しいものを断固としてやりたくないという姿勢にしか見えない。

しかし、そんなことが社会でまかり通っていたら、ウェブビジネスなど始めるどころか使いこなせないのは当たり前ではないか。

第三節 ウェブビジネスを停滞させているものの正体

カニバライゼーションの意味のなさ

リアル店舗を持つ会社がインターネット販売を始めた際、ウェブの店舗を安くしてしまうと、リアル店舗の方に来店してもらえなくなるのではないか――。そんな考えを持つ経営者が日本には多いように見受けられる。

そんな心構えで商売をしている店舗には、どっちみち行く価値がない。なぜなら、ビジネスとして本末転倒だからだ。

何かを犠牲にしたところで、客は来店するはずがない。このお店に来ると何か楽しいという付加価値をつけることで、初めて客は足を運ぼうとするものだ。

もっと言えば、リアル店舗の売上を伸ばしたいからといって、競合――しかも自社のネットショップ――の価格を上げることで、リアル店舗に客の足を向けさせるなどという試みが成功したためしはない。仮にライバル社の店舗がインターネットで違う付加価値を提供し始めたら、消費者はそちらへ行ってしまうのだから。それとこれとは別次元の話だ。

自社製品間で市場の食い合いをすることを「カニバライゼーション」という。

この言葉に囚《とら》われることほど愚かしいことはない。ウェブの店舗は本業（リアル店舗）を食うのではないかと考え、インターネットでのビジネス展開に二の足を踏む会社は、10年後には必ず後悔するだろう。

それは、経営者としての視点が圧倒的に狭すぎると言わざるを得ない。

自分の会社の商品の中で、自分の会社の売り場との比較でしかものを考えていないからだ。これでは、他の専業が出てきたときには完全に負けてしまう。

つまり、カニバライゼーションを気にする経営者は、経営改革をしない言い訳に使っているにすぎないとも言える。

しかし、残念なことにそういう経営者は多い。大抵が50代以上の、古い体質を持つ企業を経営する人たちだ。

企業トップのネットに関する無理解

とはいっても、現在のようにインターネットが浸透した社会になると、いまさらアナログの世界に閉じこもっても、ビジネス規模がこれ以上拡大しない可能性が大きい。

アナログの世界はビジネススピードも遅いので、ビジネス規模そのものがゆっくり小さくなりつつある。市場が小さくなっていくしか見込みのないところでビジネスを続けるのであれば、自《おの》ずとビジネスは先細っていく。

しかし、そんなアナログビジネスも、自分の人生分、あるいは自分の定年までは持つかもしれない――。そういうマインドを持っている経営者が、実は少なくない。日本企業の場合、本来は会社の将来を考える任務を負うはずのトップマネジメントが全員50代で、定年間近というのが現実だ。

だから、ウェブに対する無理解が生じて「とりあえずやっておけばいい」などという、金とリソースの無駄が大いに生じることになる。

ここはやはり、自分の社会人人生がまだまだ長い40代後半ぐらいの次世代スタッフに会社を任せてしまった方がいいと思う。現在の日本のトップマネジメントには、「ここで成功しないと、10年後には会社がなくなってしまう」などという危機感がまるでないのだ。

もちろん、例外もある。厳しい見方を持っている人、仕事が趣味で常に手を抜かずものすごく頑張る人がたまたま経営者になったおかげで、会社が伸びてきた例を、私はいくつも見てきた。

しかし、残念ながらウェブビジネスにおいて、大体の日本企業にはまるで期待できない。このままでは、インターネットを使おうがどうしようが、新しい基軸は出ない。

日本企業がウェブをうまく使いこなせない最大の理由

こういった視点からウェブビジネスの世界を見てみると、企業の内部でも同じようなことが起こっていることに気がつくはずだ。

既得権益、既存のビジネス体系でやっている人が、ガンとしてやり方を変えようとしない。既存のやり方を効率化するインターネットが、その人の仕事をなくしてしまうかもしれないという恐怖感があるからだ。

しかし、作業の効率化やコストダウンが図れるのであれば、企業全体にとっていい話ではないか。ところが、いくら企業全体・業界全体にとっていい話であっても、既存のビジネス体系にしがみつく一部の人の業務を死守するために、インターネットをフル活用しない企業がなんと多いことか。

私はこのことは、日本企業がウェブをうまく使いこなせない最大の理由だと考えている。

だから、前述した一般用医薬品のインターネット規制や、店頭に立つ人材の利益を守ることを優先している量販店の話は、私たちにとってまるで他人事ではない。各企業の中にたくさん存在しているはずだ。

例えば、私が以前所属していたNTTドコモでも、そういったケースはあった。携帯電話端末は、キャリアが直接販売している方が高いのだ。それにはそれなりの理由があることを、各論では理解できる。

しかし、キャリアがダイレクトにインターネット販売し、宅配便で配る端末の方が、流通の末端で店を構えて対面販売している端末よりも、高い。それがユーザーの立場から総論で理解できるだろうか。

店舗は在庫コストもかかっているし、不動産のコストもかかっているから、どう考えても対面販売の方が高くなるはずだ。

いくらＩＴを活用したとしても、既存のビジネス体系がクリアになっていない、こんなことが各会社に起こっているのではないだろうか。これがやっぱり最大の問題点だと私は思う。

これが仮にアメリカであれば、そういったことは起こらない。

国土が広く人口も多いアメリカはウェブビジネスの利用価値が高く、ビジネスチャンスがあったらそれをすぐに取り入れないと、ライバルに後れをとってしまうからだ。

日本はどちらかというと、薬の例のように業界団体で体制を守るためとか、様々な企業がある中でそれぞれの変化のスピードが遅いために、社会の変化のスピードも遅くなっていることにみんなが慣れてしまっている。

だから、スピーディーに動いたり、抜け駆けするのは言語道断という価値観が出来上がってしまっているのだ。

日本でiPodが生まれなかった理由

ここで、日本とアメリカのウェブビジネスの違いについて考えてみたい。日本は、ITのインフラでは決してアメリカに劣っていないが、なぜビジネス面においては、大きく後れをとっているのだろうか。そこには、明らかに「リーダー」の質の差が大きく横たわっている。

アップルのiPhoneを例にとってみよう。ケータイ大国における日本であっても、iPhoneのような革新的な携帯端末は絶対に生まれない。

なぜなら日本企業の場合、リーダーがビジネスのディテールを知らない、あるいはディテールを知らなくてもリーダーが務まってしまう組織構造だからだ。

そういった面からも、ｉＰｈｏｎｅはひとつの象徴としてわかりやすいと思う。ソフト、ハード、そしてビジネスモデルも含めて、ユーザーのための価値を最大限にするための設計がほどこされている。決して、見栄えをよくしようとかデザインをよくしようということが先走っているわけではない。あくまでも、顧客のフィーリングや使いやすさが最優先。パーツごとではなく、全体が最適化されている。

結局のところｉＰｈｏｎｅのようなプロダクトは、リーダー・責任者がディテールまで指令を出さなければ実現しないのだ。

昔の製造業のあり方とは、製品が高度化されればされるほど分業が広がるというものだった。しかしＩＴは、そういった仕組みを無視して横ぐしを通してしまった。

例えば、単なる音楽再生プレイヤーも、ＩＴの登場によって「ネットワークにつないで音楽をダウンロードする」ことを前提に設計をしなくてはならなくなったのだ。

そのことを考えると、ソニーのウォークマンがｉＰｏｄの勢いにのまれて負けてしまった理由がわかっていただけると思う。

さらに、ネットワーク経由で音楽をダウンロードする、などという話は、ほんの一面にしかすぎない。iＰｏｄはネットワークにつながることを前提に造られている。自分で買った音楽ＣＤからパソコンにコピーした楽曲名やジャケット写真を自動的にネットワーク経由で探してきてくれるのだ。

これを一回体験してしまったら、逐一自分の手で曲名を書き込んだりしていたのがバカバカしくなる。他社の、同じ携帯音楽プレイヤーというジャンルの中でも、iＰｏｄはまったく違う価値を提供しているのだ。

そもそもiＰｏｄは、製品コンセプトを「ネットワークを使用するユーザーが音楽を聞くツール」と明確に捉えていたために生まれた商品だ。もとが「音楽再生プレイヤー」で、後にワイヤレス機能を付け加えたわけでは決してないからこそ、iＰｏｄやiＰｈｏｎｅのいまがある。

しかし残念ながら、ハードウェアの技術者がそういったビジョンを持ったり、学ぶことはなかなか難しい。その上に立つリーダーがプロダクトの使命を知り尽くした指令を出す役割を担うべきなのだ。

そういうことが、日本の製造業が培ってきた分業体制にはできない。ある方向性にとがった製品や、新しい価値を生み出す製品はまるで造れない組織体系になってしまっているのだ。

ネットユーザーに建前は通じない

全ての最終的な判断ポイントは、やはり消費者側の見る目だと私は考える。消費者の実行動を認めるか、認めないか。

これを企業に置き換えると、顧客の行動に自分たちが合わせなければならないのであって、企業が行動を押し付けてはならないはずだ。

ただ国の政策としては、ユーザーの行動を考えた上で、やってはいけないこと、国として守らなければいけないことはもちろん議論しなければならない。まず、そこが大事なのではないか。

薬の議論に戻ると、一消費者から見たときにどうしても理解できないことがありすぎる。

例えば、ドラッグストアでは消費者は自分の判断で薬を買うことの方が圧倒的に多いのに、インターネット販売を規制する理屈は「対面販売でなければ薬は危険」。現実の消費者の行動パターンからバカげたくらい乖離《かいり》している。建前論というやつだ。

現実を隠したまま、このバカげた議論だけが続けられている。これは、インターネット販売の議論などというレベル以前の問題だ。

私がとても悲しいと思うのは、この議論をしている人も一消費者であるということ。だから、私はこの議論をしている人たちに問いたい。「自分のやっていることを、自分の子供に説明できますか」と。

「いやいや、実際はそうなんだけどさ、お父さんにも立場があって」と言ってしまうのではないか？　自分の家族に本音のところで、自分のやっていることを正しいと思うと言えるのか。そもそも自分自身が、水虫の薬を買うときに、必ず薬剤師と相談しているのか。

だから、真の消費者目線をこの人たちも本当はわかっているはずなのだ。それなのに、なぜ、本音の議論を避けるのか。

インターネットユーザーには、建前は通じない。なぜなら彼らは、自分のやりたいことに忠実に行動しようとするからだ。

だから、インターネットビジネスを考えようとしたときに、自分が実生活でやらないようなことを制度として作るなどということは、絶対にやってはいけないことなのだ。

ウェブとは、単なるツールであることを認識せよ

「ウェブビジネスに参入はしたが、思ったよりもネットはうまくいかないじゃないか」という不満を持つ声が多いのは、ひとえにインターネットのポテンシャルを生かしていないからだ。ウェブを特別視しすぎている場合も、不満だけが生まれてくる。ウェブビジネスが儲からない理由は、経営者にあるといっていい。

基本的に、ウェブは単なるツールである。どんな商売でも、真っ当なことをきちんとやれば、チャンスはふくらみ、売上も上がる。

ウェブの技術は、これからまたどんどん進化していくだろう。それによって、当然ながらウェブビジネスで可能な範囲はどんどん変わるはずだ。

そのときに大切にしなければならないのは、「進化しているのはあくまでも技術である」という認識を持つこと。決して、ビジネスそのものが変化しているわけではない。

だから、自分たちがやっているビジネスの根幹は何かというのを理解することが大前提だ。技術の進化により、ウェブでできることの範囲が変わったのを見て、自分たちのビジネスがどう展開していけるかを考えること。

「こういう技術が出てきた。さぁ、どんなビジネスをしようか」と考えるのは、本末転倒

だ。「この技術を使えば、いままでは店頭でしかできなかったことがネットでも展開できる。ならば、その技術を使おう」という発想になるべきで、まず技術ありきでは決してない。

自分のビジネスに効果があるから、それをネットで展開する、そのためのツールがネットの技術なのである。

もう一度言う。技術は、ビジネスを生まない。ウェブは単なるツールであり、進化するのは技術だけである。

第二章 ウェブビジネスを成功させる鉄則

第一節　寡占になりやすいウェブビジネス

寡占を引き起こしやすいネットビジネス

ネットビジネスの傾向のひとつに「寡占」になりやすいことがある。

検索・ポータルの分野では、ヤフーとグーグル、Ｅコマースの分野ではアマゾン、楽天がそのいい例だ。ここでは、寡占を作り出す二つのパターンを考えてみよう。

まず考えられるのは、一番最初にサービスを開始して走り続け、一番最初にクリティカルマスに達するパターン。

「クリティカルマス」というのは、ある一定の生産量や販売量を超えると急激に収益性や認知度が高まる場合の生産・販売量のこと。あるラインを超えると、顧客が一定の期間離れない。

このクリティカルマスへ一番のりで到達すると、他社がその牙城を崩すのはかなり厳しい。日本最大級のポータルサイトとして君臨するヤフー・ジャパンなどは、その典型だ。その証拠に、ヤフー・ジャパンの中身だけを見てみると、提供しているコンテンツやサービス内容は、他のポータルサイトとそれほど変わらない。

それでもヤフー・ジャパンは圧倒的な優位を保ち、利益率は50パーセントに迫る。ヤフー・ジャパンの売上高が２６２０億円、営業利益が１２４８億円（２００８年３月期）なのに対し、追ってくるグーグルは国内売上高３００億円程度（２００７年の推定。日本だけの数値は非公表）。その他、インフォシークは１３１億円程度、利益は４億円（２００７年12月期）と、ヤフー・ジャパンは他のポータルサイトを大きく引き離している。

クリティカルマスへの到達が安定をもたらす

さらにウェブの世界は、ユーザーが多く集まってくるところに、ポジティブフィードバックが起こりやすい。

ユーザーが集まってくれば、コンテンツがよく閲覧され活用されるだけでなく、集まるユーザー目当ての広告も入る。実際ユーザーが集まっているから、広告の効果がいい。よって広告の単価が上がる。広告の単価が上がるとお金が儲かるので、さらにコンテンツに投資できる。コンテンツに投資すると内容が面白くなってくるので、さらにユーザーが集まる。ユーザーが集まると、さらにまた広告の単価が高くなるし、広告主も集まる——。

こんなふうに、ポジティブフィードバックが働くのだ。だから、最初にクリティカルマスに到達することで、非常に安定したビジネスになる。

そうはいっても、クリティカルマスへ到達するのは、言うほど簡単ではない。

ヤフー・ジャパンの場合、1996年に設立して全力で取り組んできたことが大きく功を奏している。ウェブのユーザーがまだあまりいない頃に、サーチエンジンを提供し、統合ポータルを始めたのだ。しかも、その決断は当時かなりの勇気がいることだったろう。事実、他の大企業は皆、ヤフー・ジャパンの様子を横目で見ていた。その後、遅れて同じ内容のサービスを提供しても、すでにヤフーはクリティカルマスに到達していたというわけだ。

国内ウェブサイトの月間利用者数（2008年7月）を見てみると、1位のヤフーが4千万人超え、2位と3位の楽天とFC2ブログが2千万人超えと、2位以下のウェブサイトを2倍以上の差で引き離している。

やはり、圧倒的な先行者優位で、日本ではいまなお多くのユーザーから支持されている。1997年から開始したこともあり、インターネットリテラシーの低いユーザーに対しても、コンテンツが最初から山盛りでわかりやすい。また、ユーザーのインターネットリテラシーが全体に低い日本では、ヤフーが採用しているカテゴリ検索がいまだに多く利用されている。このことも、アメリカでのＹａｈｏｏ！よりも日本のヤフーが存在感が大きいひとつの理由と考えられている。

「後方追い抜き型」のパターン

クリティカルマスを実現するもうひとつのパターンは、「後方追い抜き型」だ。

現在既に広まっているサービスに対して別の角度から徹底的に研究し、ユーザーに受け入れられる別のやり方を投入することで一気に抜き去る。

先行している企業があまり真剣に取り組んでいない場合や隙《すき》がある場合、あるいは後発企業がまったくの新しいやり方で登場したときに、後方追い抜き型としてのクリティカルマスの達成が可能になる。

わかりやすい例が、グーグルだ。グーグルは、２００１年からサーチエンジンのサービスを開始した。起業は１９９８年だが、ビジネスを本格的に開始したのは２０００年に入ってから。米ヤフーが会社法人として事業を開始したのが１９９５年だから、特にドッグイヤーならぬマウスイヤーと呼ばれるＩＴ業界においては、実に大きな時間の開きがある。

それでもグーグルが成功したのは、これまでどこにもなかった、検索ロジック（アルゴリズム）を作れたからだ。

スタンフォード大学の博士課程に在籍していたサーゲイ・ブリンとラリー・ペイジの二人は、ウェブの検索スピードの遅さや結果が並ぶ順番に大いなる不満を持っていた。

全てのサーチエンジンを利用してみても、自分たちが求めるようなものは見あたらない。どうやったら自分が満足できるような検索ができるかという観点で、二人は検索ロジックを作り始めた。結果、「このロジックならば絶対に勝てる」と確信し、グーグルを開始。設立9年で時価総額18兆円に到達することになる。

グーグルが顧客に提供する価値とは、圧倒的な技術開発力に資源を集中し、利便性で揺るぎない地位を築いている点だ。前述の通り、グーグルの検索エンジンは検索内容に対する正確性でヤフーを圧倒した。これが、逆転のための大きな原動力になる。

さらに、独自の広告モデルを開発したことも功を奏している。検索結果やウェブサイトに応じた文字による広告内容を表示させられる「アドワーズ」「アドセンス」は、圧倒的な広告主の支持を得た。

このように、グーグルは技術や新しいビジネスモデルをもって後から追いつき、一気に抜き去る顕著な例として挙げることができる。

ポジティブフィードバックの加速で求められるもの

ウェブビジネスの場合、先に述べたように、他のビジネスに比べてポジティブフィードバックが加速されるのも大きな特徴だ。

ウェブで提供されるサービスは、リアル店舗で提供されるビジネスとは違い、「ユーザーが電車に乗ってサービスを受けられる場所へ行かなければならない」という手間がない。さらに、基本的には誰もが利用でき、しかも自分に合ったサービスが、検索エンジンを使えば簡単に発見できる。

つまり、〝ビジネスにおける時間の流れ〟（変化）が圧倒的に早く、ポジティブフィードバックのプロセスが、他ジャンルのビジネスの１００分の１以下の時間で働くのだ。

その分、当然ビジネス展開にも、かなりのスピードが求められる。クリティカルマスをつかめば著しく伸びる反面、早く着手しなければ誰かに取られてしまう可能性が大きい。

先行逃げ切り型企業が一定のマスを取ってしまったら、後から追いつくのは非常に困難なことは、肝に銘じてほしい。従って、「ウェブがもうちょっと使われるようになったら、ウェブでのサービスに本腰を入れよう」なんて悠長なことを言っていると、どんどんビジネスチャンスを逃してしまう。

そういう意味では、私が取締役を務めているドワンゴの「ニコニコ動画」もユーザー数という点ではクリティカルマスをつかんだと言っていい。

ニコニコ動画は動画にコメントをつけられる機能を持たせ、ユーザーのコメントも〝コンテンツ〟化して、「ＹｏｕＴｕｂｅ」とは違う価値を生み出した。その付加価値を武器に、後方から追い抜こうとしている。

だから、もしこれから動画サービスを展開したいと思っているのならば、まったく違う戦い方をすべきだ。ただやみくもに、先に走るものを追いかけてもうまくいかない。

またもグーグルの例を出すと、グーグルはヤフーとは「まったく違う」検索エンジンを作ることで、ヤフーの追い抜きを可能にした。ヤフーは、検索結果のカテゴリを人力で作っていたが、グーグルはそれを自動で作成する点が革命的だった。「ユーザーが勝手にリンクし合っているリンクの数が多ければ、有用なサイトである」という仮説を立て、コンピュータで全てのシステムを方程式で処理するという、ヤフーとはまったく別の思想とアーキテクチャーで検索エンジンを作ったのだ。

グーグルは、「検索スピードや表示内容の反映のされ方が異常に早い」という、これまでの検索エンジンとはまったく別の価値を提供したといえる。

こうなって初めて、先行逃げ切り型との戦いは成立する。

先行逃げ切り型と後方追い抜き型、経営スタイルの違い

経営スタイルや企業カルチャーでいうと、先行逃げ切り型と後方追い抜き型はまるで異なる。

先行逃げ切り型は、どちらかと言えば守りながらビジネスを進めるタイプ。しかし、後方追い抜き型にはタブーがない。

後方追い抜き型のグーグルの場合、物議を醸した360度の写真地図「ストリートビュー」を見れば、タブーがないことがわかっていただけるだろう。日本のSNSに当てはめてみると、mixiとグリーの関係もそうだ。後発でユーザーを増やしたグリーの方がタブーがない。

ウェブビジネスの場合、寡占が起こるのはポジティブフィードバックが効きやすいがた

めの結果である。

例えば通信業界や放送業界のように、免許制のために扱える企業が数社しかないという、最初から寡占状態なのとは違う。顧客が選び続けているから起こっている寡占であり、非常に健全なデファクトとしての寡占であると言える。

第二節　ウェブビジネスの本質とは何か

ウェブビジネスは、裸での勝負

ＩＴ革命は、企業や個人を「裸の王様」にした。

なぜなら、企業情報や制作物の内容、果ては開発者の言葉など、「履歴」が証拠としてパブリックに公開されているからだ。

しかもウェブは、たまたま前を通った人だけに見えるショーウィンドウではなくて、世界中のありとあらゆる人がどこからでも訪れることができる。さらに検索エンジンを使えば、正面玄関からではなく、用のある部屋にすぐ入ってしまえる。インフォメーションソースが丸見えなのだ。

そこで自分の力以上の発言をしたり、できもしないことを言ったりすれば、裸の王様になるのは必定。

例えば、ブログや掲示板が炎上したり、企業ならばそれが投資家の不信につながったり、消費者の不信につながったりする。

だから、当たり前に自分の会社の力相応のこと、できることをきちんと言う、自分の会社でやれることを目標にする、あるいは自分個人の、経営者としてできることをきちんとやり通す、または部下としてできることをきちんとやる。そうしないと、どこかでひずみが生じてすぐにパンクしてしまう。

特に、現在のような不景気では、どこかがパンクすると会社全体が潰《つぶ》れることにつながりやすい。

ウェブビジネスは、裸での勝負なのだ。ごまかしは、自分以外の人には、いともたやすくばれてしまう。

具体的にビジネスが裸になる状況を挙げてみよう。

まず、ネットショップの場合は、陳列している商品も在庫も実店舗に行かずして全部わかってしまう。

通常、実店舗の場合は、在庫は明らかにしない。しかし、ウェブでそんなことをやったら売れないし、回転率を高くしなければならないので、在庫の数を明らかにする必要があるのだ。

さらに、楽天やアマゾンは、在庫データベースをAPI（アプリケーション・プログラミング・インターフェース）で公開している。ブログを書く人からアフィリエイトリンクが張れるように、データベースを全公開することで売上を伸ばしているからだ。

以前の物販ビジネスでは、在庫個数や種類は絶対に明かされることはなかった。しかし、ウェブビジネスではご丁寧にも「あと○個」という表示で在庫数を示してくる。

企業戦略が世界に晒される時代

企業戦略も「裸」になっている。どこの企業も、その会社がいまどちらの方向を目指しているか、ご丁寧に社長の言葉としてウェブサイトに記載してある。上場企業で投資家に説明する必要がある企業であればなおさらだ。

困ったことに、社長が企業戦略をきちんとグリップしていなければ、ウェブサイトに掲載されている言葉は宙に浮いているのも同然になる。

例えば、ドコモの「ｉモード」がいい例だ。２０００年ぐらいまでは、ドコモでは「ｉモードが重要だ」などという言葉を誰も口にしてはいなかった。ところが、うまくいった後は、ｉモードという言葉が有価証券報告書にも登場する。経営者の考えが途中で変わったのが丸見えだ。

従ってウェブは、企業を判断する材料としても大いに利用できる。

仮に、非常に魅力的な提案が、とある会社から来たとしよう。提案元がある程度の規模を持つ会社だったら、その会社のホームページは必ず見た方がいい。提案内容に関しての記述がほとんどなかったとしたら、土壇場で提案を引っ込める可能性もある。つまり、経営者はそのプロジェクトに対してほとんど意識していないということだ。

こういった企業戦略は、以前は記者が取材しなければ判明しなかった。もしくは、そういった情報をつかんで商売にしていた企業や個人がコンサルタントやアドバイザーという名の下に存在したものだ。

例えば、「○○の部署が言っている話だが、社長の会見では話題にも上らないようだ。従って、あまり予算がつかないだろう」といった具合に。

ところがいまは、企業のウェブサイトを見ればわかってしまう。記者会見の内容は新聞にしか掲載されていなかったが、いまはウェブで公開されているのだ。

さらに言えば、製品開発者が登場してコメントを公開しているコンテンツも増えた。「どこにこだわって作ったか」といった、以前ならば企業秘密だったであろうことが開発ストーリーとして公開してある。

つまり、導かれる結論は、「裸を前提にしてビジネスをすれば問題ない」ということだ。そうすれば、自分の力を見誤ることなくきちんと考えた経営をしたり、自分の実力を踏まえた仕事の仕方になっていくだろう。

武器を持っているとか、鎧《よろい》をかぶっているから俺は大丈夫、といった考え方は通用しない。鎧は意外にもろいもの。実力はばれてしまっているのだから、脅しは効かないしブラフも効かないと認めてしまえば楽になる。

むしろ、裸になった方が信頼は得やすい。「この会社とこの会社が組んだらいい」ということが発見しやすくなるし、そちらの方がメリットが大きい。

参入障壁が低いからこそ手抜きはできない

第一章でも触れているが、ウェブビジネスの大きな特徴は、「参入障壁が低い」ことだ。

これは前述の「クリティカルマス」到達の話にもつながってくるが、参入障壁が低いという状況下では、とにかくスピードが重要になる。

自分が一番になったら、とにかくひたすら全速力で走り続けるしかない。しかも何度も言う通り、「ウェブ上に情報を提示すること＝裸と等しい状態」なのだから、立ち止まってしまえば現在やっている内容が全部見えて、研究され尽くしてしまう。

さらに参入障壁が低いからこそ、開発も手を抜いてはならない。

自分たちの事業を真似された上に、プラスアルファの価値を追加されれば、ライバルが勝つのは当たり前。サービスのクオリティを淀《よど》ませてしまったら、後方から追い抜かれる。

参入障壁が低いということは、誰にでもチャンスがあるということだ。だから人の「底力」が露呈しやすいと理解しておきたい。

底力とは、言い換えれば「自分が得意とする分野の知識、経験、興味」のこと。

誰にでも得意な分野と不得意な分野がある。不得意な、興味のない分野にいくら時間を割いても、実力にはなりにくい。とりわけ、「興味があるかどうか」がこの上なく重要だ。それが、ひとりひとりのウリとなる底力につながってくるからだ。

例えば、自分が本気でワインに興味があるのならば、四六時中ワインのことを考えるだろう。レストランに行ったときだけでなく、家で食事をするときでさえも「今日の食事に合うワインは何だろう」「どのワインに合わせようか」といった考えが生まれてくる。興味があればその対象を調べるし、実践に用いようとするから、知識は相乗効果で増えていくものだ。

ところが、資格の取得だけが目的でワインを勉強した人は、資格が取れてもしばらく経つとせっかく得た知識をどんどん忘れ去ってしまう。レストランやワインバーで働き、常にワインに触れているソムリエ以外、ソムリエの資格取得者にほとんど意味がないのは、そういう理由だ。

スピードが要求されるウェブビジネスで走り続けるには、知識、経験、プラス本当に興味があるかどうかが鍵。「自分が好きだからやっている」、これは過酷な条件でも走り続けるモチベーションに直結する。決して理屈だけでは人は動かない。

その反面、ウェブがあれば、優秀な人だろうがそうでなかろうが、理屈に基づく情報収集が誰でもできてしまう。それがウェブの時代の怖さだ。

個人の能力の優劣は、情報収集プロセスでは判断できなくなってしまった。従って、以前は成り立っていた「リサーチャー」という商売が、現在では成り立たなくなりつつある。

もちろん、本職のリサーチャーは物事の本質の深い部分までリサーチしてきてくれるだろうが、表層の知識のリサーチでは本職と素人の差はほとんどなくなってしまったといっていいだろう。

スタッフの「興味」が生み出す付加価値

となると、やはり違いを生むのは「興味」があるかないかだ。

例えばドワンゴがニコニコ動画を立ち上げて運営しているのも、新しいものに対する大いなる関心と興味があったからだ。だからこそ、顧客に新しい付加価値を提供することに、毎日やっきになっていられる。

ここで、私が感じたニコニコ動画に関する、付加価値の具体例を述べてみよう。

動画投稿・閲覧サービスであるニコニコ動画が他の動画投稿サイトと大きく異なる点は、何と言っても他のユーザーが投稿した動画の画面上にコメントを付け、動画と同期させながらコメントを流せることだ。これにより、「オチ」に対して視聴者たちが「同じ場面で」驚き、かつ各々のやり方でツッコめるという、利用者同士の一体感が演出できる。こういったインタラクティブ性とコミュニティのような場も同時に提供しているのが、ニコニコ動画の特性と言えるだろう。

さらに、インタラクティブ性を高める工夫を次々に展開している。

例えば、コミュニティ会員に限定した動画の視聴が可能な「コミュニティ」サービス、配信時間を特定することで、同じ時間や同じ体験を「リアル」に共有可能な「生放送」、ニコニコ動画を視聴する全ユーザーの画面に割り込み、アンケートを実施する「アンケート」機能など。とりわけアンケートは、90秒で7万〜8万件の回答を収集することが可能だ。

2007年1月からパソコン上で始まったニコニコ動画は、2009年6月現在、登録会員が1300万人を突破した。残念ながらまだ黒字化に至ってはいないが、前述のサービスはドワンゴのメンバーが「動画投稿ビジネス」に興味を持ち、独自の付加価値を与えていこうと考え抜いた末に生まれてきたサービスだ。

このように、ウェブビジネスで生き残っていくためには、強みと弱み、自分の興味をきちんと自分で考えること。決して、理屈ではない。

身の丈に合ったビジネスを

ここまで話題にしてきた、ウェブビジネスで成功するための秘訣である「興味があることをやる」「できることをやる」という話は、あまりにも真っ当すぎて拍子抜けしている人もいるかもしれない。

しかしこれは私の信条であり、何もウェブビジネスに限った話ではない。

事実、私はNTTドコモ時代も、自分の部下には、彼らの個性、特性に合った新規事業をやってもらうよう腐心し、ビジネスモデルや目標は身の丈に合ったものにするよう調整した。なぜなら、そうしないと失敗確率が上がるからだ。失敗確率を下げるために「できることをやる」を貫いた結果、私が担当した分については、投資などでも大きな失敗をしたものはほとんどないと思っている。

事業だけでなく、出資のときにもこの法則を忠実に守った。

マジョリティを取るか取らないかというときに、「NTTなのだから、この程度に抑えておいた方が絶対にいい」という判断の下にコントロールした結果、会社にとって吉と出たことは多い。分不相応に手を出していたとしたら、管理型の人材が大量に差し向けられて会社の運営がうまくいかなくなることもあり得た。

だから、「目標を達成するのに一番うまくいく方法」を常に考えてほしい。

自分の組織のいまの実力をまずは鑑《かんが》みる。その上で、新しい人材を雇うなり、現在所属している人たちが向く分野のビジネスをやるという決断を下すことだ。大切なのは、いまやろうとしていることを、全体戦略の中のパーツとして考えること。

私が体験した一番いい例は、iモードだった。

iモードのコンテンツ制作に、NTTドコモは一切タッチしていない。タッチさせないと私が判断し、すべて第三者に任せたからだ。その理由は、コンテンツ制作のための人材とノウハウがドコモにはなかったこと。だから、内部では絶対にやらない方がいいと割り切った。

iモードの成功は、コンテンツの豊富さが鍵を握っていたこともあり、最初は「内部でもコンテンツを作れ」との指令が下されていた。ちょうど、「通信事業者は、これからコンテンツビジネスに参入せねば」といったことが言われていた時期でもある。

しかし、私は判断した。絶対に無理だと。

そもそも、電電公社出身の人たちにコンテンツの企画・制作は不可能だ。彼らのライフスタイルを考えてみてほしい。ネクタイを締めて規則正しい時間に出社している人たちが、柔軟で型破りの発想が求められるコンテンツ制作をしたり、その目利きができるわけがない。

専門の業者に発注して、ドコモ名義のコンテンツを作るという選択肢もあったが、それもしなかった。

アウトソーシングしてもドコモの名前を付けたコンテンツができてしまえば、外部のコンテンツ制作会社がiモードに参入しにくくなる。それはどうしても避けたかったからだ。

すべてのコンテンツを第三者に任せるという方向性が決まったときに、一番大切なのは第三者がやる気になるシステムを考えることだった。

従って、iモードの普及においてドコモがやるべきことは、第三者のコンテンツ参入モチベーションを上げること。だから、ドコモでは課金の仕組みを作ることにエネルギーを集中させたのだ。

これは私の、ドコモへの一番の貢献だった。そう言って差し支えないほどの効果をもたらしたと自負している。

しかし、「貢献」と言えるのもいまにして思えばこそ。「コンテンツを第三者に任せて、ドコモは一切タッチしない」という方針を打ち出した当時は、社内でも目を丸くして驚いた人がほとんどだった。

第三節　まだまだ伸びる、Eコマース

Eコマースがもたらした小売業界の構造変革

２００７年の時点で、流通小売市場は全体で１３５兆円の販売金額を記録した。実は、２０００年の販売金額は１４１兆円。そこから２００７年までは、２００１年に１３８兆円、２００２年に１３５兆円で、そこからほぼ横ばいになっている。

ところが、中でもEコマースだけを抜き出してみると、インターネット通販の２０００年から２００７年の平均成長率は群を抜いて高く、36パーセントに上る。販売総額で見ると、２０００年が２０８０億円だったのに対し、２００７年は1兆８２８０億円になった。

ちなみにモバイル通販の販売総額は、２００２年の２２０億円から２００７年の２４２０億円で、２００２年からの平均成長率は43パーセントと急上昇している（『流通小売市場白書』矢野経済研究所、『通販・e-コマースビジネスの実態と今後２００７-２００８市場編』富士経済）。

こういったEコマースの急速な普及により、小売業界全体の構造が変化し始めた。

大きく変わった点のひとつに、店舗の大きさという制約要因が挙げられる。

店舗を作る際の建設コストや店舗維持費がかかるため、例えば「全体の売上の3割をカバーする」といった規模の店舗をひとところに作るのは、現実では難しい。店舗の大きさが決まれば、自ずと販売できる商品数や種類にも限界が設けられる。物理的なスペースの制約上、全ての商品を置くわけにはいかなくなるからだ。

ところが、Eコマースの登場で、「大きさ」の概念がほぼなくなった。リアル店舗とは比較にならないほどの低コストで、販売スペースの拡大が可能になっている。それに伴い、販売できる商品数や種類が飛躍的に増大した。

小売構造の変化として挙げられるもうひとつのポイントは、販売拠点の規模だ。リアル店舗の場合、販売拠点（店舗）の規模は限定されていた。前述のように店舗の大きさには限界があるため、企業単位としての巨大化は可能であっても、店舗の単位としては一定規模以上にはなれないということだ。

しかし、Eコマースでは「一店舗」として、圧倒的な売上を誇る拠点（ネットショップ）が登場した。低コストで販売スペース・商品数・種類の拡充が可能になったためだ。従って、ひとつのウェブサイトで、数億点の売上が可能になるネットショップが台頭してきた。

これは、書店を例に出すとイメージが湧《わ》きやすいかもしれない。前者のリアル店舗を紀伊國屋書店、後者のネット書店をアマゾンに置き換えて考えてみてほしい。

中間取次業者の役割が希薄化

リアル店舗のネットショップ化、またはEコマースによる無店舗大型小売の登場は、中間取次業者の役割を希薄化させた。

そもそも、従来の小売販売における中間業者の役割は、メーカーと小売を束ね、スケールを効かせることによってコストを削減することにあった。この場合のコストとは、在庫・流通コストと、メーカー・小売の取引コスト削減の二つがある。

前者は分散拠点向けの在庫管理と流通が、各企業単独では非効率なところを、中間取次業者が束ねることで効率化かつコスト削減を実施していた。また、後者は分散しているメーカー・小売が個別に取引する手間を省くべく、中間業者が一括で管理することで双方の利益を確保していたのだ。

ところが、Eコマースの普及によって小売が大型化することで、中間取次業者に頼らずともスケールが効くため、在庫・流通の効率化を小売自身で図れるようになった。また、小売が大型化・集約化することで、取引の手間も軽減している。

このようにEコマースは、中間取引業者の役割を変化させている。

顧客リレーションの変化

もうひとつ、Eコマースが変化させたものとして、顧客リレーションを挙げたい。「二八の法則」から「ロングテール」への変化が生じたのだ。

従来のリアル店舗と顧客のつながりは、「二八の法則（パレートの法則）」型だった。これは、上位20パーセントのヘビーユーザーが会社の総売上の80パーセントを占めるというもので、企業側は20パーセントのヘビーユーザーを囲い込むことにやっきになっていた。

ところが、Eコマースの普及で物理制限がなくなり、商品数が飛躍的に増加したため、ニッチ商品を買うライトユーザーも増えた。こうして顧客リレーションは、「ロングテール」型になり、購買額や頻度のライトなユーザーが、一定割合の売上を構成するようになった。

二八の法則における顧客ターゲットがヘビーユーザーなのに対し、ロングテールの場合は趣味嗜好の異なる多数のライトユーザー個々人にアプローチすることになる。

主なマーケティング手法も変化した。二八の法則では、ポイントカードや会員カードなどで既存顧客のロイヤリティを高める「フリークエント・ショッパーズ・プログラム」によって、ヘビーユーザーをつかむ努力を重ねてきた。だが、Eコマースのロングテール型は、多種多様なユーザーの趣味嗜好に合わせた情報提供や特典、サービスの提供を行う「One to Oneマーケティング」へとシフトしている。

例を挙げるなら、アマゾンのレコメンド機能だ。本人の購買履歴を利用し、趣味嗜好を分析して個々人に合った商品をトップページでレコメンドする。購買履歴がない場合は、他のユーザーの利用履歴から「この商品を買った人はこんな商品も買っています」としてレコメンド商品を挙げ、購買意欲を喚起させているのだ。

二八の法則とEチケットのいい関係

ネットビジネスに「二八の法則」をうまく利用している業界も存在する。

特に、航空会社の「Eチケット」がわかりやすいので、ここで例として挙げてみよう。

航空業界では、依然「二八の法則」が幅を利かせている。一般の観光客は1年に1回くらいしか飛行機を利用しないだろうが、出張で飛行機をよく利用するビジネスマンは、毎月または毎週のように国内線に乗る。

一方で、飛行機が売り物にしているのは「乗る権利」であり、チケットそのものに価値があるわけではない。乗る権利がきちんと確定できればいい。それをシンボリックに表したのがチケットであり、ボーディングパス（搭乗券）なのだ。

そうすると、個人が特定できてセキュリティがしっかりしていれば、それは紙としての形を成さなくてもよい。そういうわけで、国内では全日空も日本航空も早くから電子チケット化に取り組んだため、他の業界に比べてかなり早い段階で広がった。

航空会社が使用しているサーバー、コンピュータには、運航情報や料金体系などの情報が全て入っている。

インターネットが登場する前は、顧客は旅行代理店に空席情報を見てもらっていた。あるいは、航空会社に直接電話をしてオペレーターに問い合わせると、オペレーターが端末の内容を参照しながら空席状況を確認し、問い合わせてきた顧客に報告していた。

しかし、インターネットのおかげで、航空会社のオペレーターや旅行代理店が担当していた作業を、そのまま搭乗客が直接操作できるように役割をスライドさせることが可能になった。

搭乗頻度が高い人は、逐一電話をかけて旅行代理店やコールセンターに問い合わせる手間がかかって仕方がなかったのが、インターネット上で自分が操作できるようになるとグンと手間が省けるため、自分で予約申込手続きをする顧客が圧倒的に増えた。

つまり、予約する手続きに誰かを介することがない。これだけでも、大きなコスト削減になる。

自分で空席状況が調べられるのであれば、引き続き購入までしたいと誰もが思う。空席情報を知った後で代理店に出向かなければならないというのは、あまりにもバカげた話だ。だから、自分で空席状況を調べたら、引き続き自分で購入手続きをしてクレジットカード決済するという流れができた。この時点で、紙のチケットはEチケットへと進化を遂げた。

さらにそれを一歩進めたのが、スキップサービスだ。全日空では国内線の搭乗券を2007年の12月で廃止した。

航空会社のウェブサイトで決済を済ませておくと、該当航空会社が発行するクレジットカードや、「おサイフケータイ」をはじめとする非接触式ICカードの「フェリカ」を搭載した端末を、ゲートの読み取り機器にかざすだけで搭乗できるようになる。

席番号は、フェリカ端末をかざした際、レシートのような紙で出てくる。搭乗券よりもはるかに簡易な紙に席番号が印刷されているため、ここでも多大なるコストの節約になった。

フェリカ端末やマイレージカードを持っていない人は、席の購入手続きをした際ウェブサイトに表示される二次元バーコードを印刷して持って行けばよい。このバーコードをゲートに設置してある読み取り端末に当てればいいのだ。

そういうわけで、いまや全日空は個人顧客の60パーセントが「eチケット」を利用しているという。法人の場合、法人契約している旅行代理店が搭乗券を発行するケースがまだあるが、法人・個人を合わせても国内線の50パーセントが「eチケット」なのだという。

このように、インターネットは航空業界にすさまじいほどの革命をもたらした。

一方で、JR東日本のチケットレスサービス「えきねっと」をはじめとするオンラインサービスは、航空業界ほどの比率には至っていない。これは、JRのフリークエントユーザーと一般ユーザーの比率と、双方の使用金額が航空業界ほどは差がないことが考えられる。しかし、同じJRでも、東海道新幹線をよく利用するビジネスマンは、JR東海・JR西日本が提供する、通常の新幹線特急券よりも割安な「e特急券」を購入できる「エクスプレス予約」を多く利用する傾向にあるようだ。

Eコマースに向く商品と今後の可能性

インターネット上での小売販売に目を向けてみよう。

ネットショッピングに向くものと言えば、「反復購買系」の商品が挙げられる。

例えば、サプリメントやダイエット食品だ。ほかには、電池、電球などの消耗品も、いざ切れたときに大変だ。私は実際全部ネットショップで買っているし、電球などはまとめて買っておけば安くもなる。

ネットショップでは、型番を指定することで買い間違いを防げるというメリットもある。プリンタのカートリッジなどは量販店で買うのもいいが、型番を指定すれば間違えようがない。買い間違いという意味でいうと、パソコンの周辺機器や家電製品の延長コードなどは、ネットショップに注文してしまった方がいい。

私は先日引っ越しをしたのだが、カーペットまでネットショップで買った。カーペットは、家のサイズを測り、これぐらいのサイズに切ったらちょうどいいというのを現場で確認してすぐオーダーできた方がいい。要は、カーペットとは床に敷く物であって、その上に家具を置くことになるのだから、引っ越ししたらすぐにでも欲しいもの。そういう意味では、カーテンも同じだ。

そういった、「正確にサイズを測らなければならないもので、しかも急を要するもの」が欲しい場合、わざわざ家具屋へ見に行って選んだとしても、サイズを間違えてしまったら何の意味もないし、時間的にもロスになる。また、万全を期したとしても測り漏れがないとは言えない。測り漏れが発覚し、ヤケになって適当に発注し、後々悲惨なことになってもたまらない。そんなわけで、カーペットやカーテンはネットショップの方が向いていると私は判断したのだ。

だが、カーテンは質感や色味の確認をしてから買いたい、という人も多いだろう。

確かに、自分で触ってみないとわからない部分もある。だから、インテリアに気を遣って住まいと共に完璧にコーディネートしたい方は、やはりインテリアデザイナーにお願いし、実際家を見てもらってからアドバイスしてもらった方がいい。

それに対して、学生のように、「賃貸で2年くらいしか住まないし、あまりこの場所にこだわりがない」という人は、絶対にネットショップで購入する方がいい。

私が思うに、マスとしては後者の方が多いのではないか。

インターネットで売っているからといって、決して品質が劣るわけでもない。カーペットも、ベーシックなものでよければサイズを指定してネットで買えば、思い通りのものがすぐ来る。

例えば、私は防音・防振カーペットをオーダーしたら3日で届いた。ネットショップの場合、「遮音等級LL35」といった遮音性能、何センチ×何センチといったスペック、柄なども一括で表示されているので、とても選びやすい。しかも、江戸間3畳価格で1万円といった、かなり安い価格で手に入る。

私の場合、防音・防振カーペットと無地の寝室のカーペットをネットショップに発注した。寝室のカーペットは、角に柱があるので、柱の部分を切ってもらう発注をして1週間で到着。リビングに敷く防音・防振カーペットの上には、インテリアショップで選んだカーペットを敷いている。このように、用途によって購入先を変えている。

ちなみにアマゾンが始めている「朝9時までに注文すれば当日届く」という「お急ぎ便」を利用すれば、ネットショップの方が到着が早いということも十分起こり得る。会社帰りにお店へ寄ろうと思っても、閉店時間までに間に合わないことがあったり、嵩張《かさば》ったり重かったりして結局は宅配便を利用するケースを考えると、ネットショップの方が到着が早い場合もあるだろう。

これからは、間違いなくそういったリビング用品もインターネットにどんどん集中してくる。一度使えば、その便利さがわかってもらえるはずだ。

そういう意味では、ネットビジネスの中ではEコマースが圧倒的に伸びる余地がある。他のジャンルに比べて一番と言ってもいいくらいだ。というのも、現状では習慣化されていない購買行動が今後どんどんネット化されていく可能性が大きいからだ。ここが、今後Eコマースがどこまで伸びるかどうかを見極める上で一番大きなポイントだと私は思う。

Eコマースがフォローしきれない分野

もちろん、ネットショップにも、まだ力不足と思われる点もある。

例えば洋服。自分の欲しい物が決め打ちであるのであれば、ネットショップは抜群に向いている。しかし、どういうものを買いたいかが決まっていなければ、ネットショップに掲載されている情報では甚だ心許《こころもと》ない。

例えば、冬物が欲しいということだけは決まっているけれども、別にタートルでなくてもいいし、ほかに何か新しいデザインがないかどうかが見てみたい……。

このように自己対話が必要なケースであれば、リアル店舗に出向いた方がむしろ早いし効率がいいのだ。だから、新しく東京に店舗ができた北欧の服飾ブランド「H&M」のオープン時にあれだけ人が殺到したり、全国でユニクロの店舗が拡大しているわけだ。

ネットショップの情報としては、サイズや色といったスペックは十分に伝えられるが、風合いや着心地はなかなか伝えきれない。ましてや自分に似合うかどうかということになると、さらにわからない。商品指名型の購入をする導線としてはウェブに強みがあるが、触感、嗅覚といった部分はウェブではフォローしきれない。

さらにEコマースに向いていない分野としては、宝石のような高級商品も挙げられる。それから、いわゆるオーダーメイド、のジャンル。現在は、ネットショップでもだいぶ思い通りにカスタマイズしたり、イメージ通りイメージ通りのものが届くようになってきたが、それでももまだ足りない、思い通りにはならないと満足できない部分はある。

また、どんなにネットショップが進化していったとしても、対面することで価値が上がっていくものは、ウェブでは絶対に置き換えられない。

仮にネットサービス側が、これまで以上にきめ細かいフリークエント・フライヤー・プログラム（マイレージプログラム）を作ったとしてみよう。しかし、挨拶《あいさつ》はできるかもしれないが、人間対人間の微妙なコミュニケーションというのは絶対に実現できない。

しかも、そういった「人と人とのコミュニケーションが価値を持つ」商売というものが、確実に存在する。例えば、接待業はもちろんのこと、物販の中でも高級ブティック系は、「モノが欲しいから」だけで店舗を訪れるのではない。売り手個人に顧客が付いているため、彼ら目当てで顧客は来店するのだ。

私はカーテンやカーペットをネットショップで買ったというエピソードを紹介したが、インテリアにこだわる場合は、カーテン・カーペットという品物は変わらなくても、それらは「機能型商品」というよりは「コンサルテーション型商品」ということになる。

例えば、カーテンを選ぶ際、日当たりや色合いといった観点からアドバイスをもらった方が、インテリアや機能の面からはより効果的なものが購入できる。もちろん安いものはネットショップで買えるのだが、やはりインテリアコーディネーターに頼んだ方がベターなケースもある。

対面価値商品の究極は、ウエディングだ。式や披露宴の内容をウェブだけで指定するのは、どう考えてもつらい。会場で使用するパーツやレイアウトは指定できるかもしれないが、ウエディングドレスは、どんなにウェブでのプレゼンテーションが進化したとしても、その情報を見ただけで決めてしまう女性は皆無だろう。イベントや演出共々、見たり、着てみたり、アドバイスされながら進めていくものだからだ。

人間が介在しなければ成立しないビジネスに弱い

これらの共通点は、「人が介することで価値が倍以上になる」ということだ。この点については、仮にネットワークの速度が現在以上に改善されて、テレビ電話が当たり前になったとしても、ネットショップでの利用者はほとんどいないと思われる。

ディズニーランドをはじめとするテーマパークもしかり。

テーマパークと、3D仮想世界「セカンドライフ」のようなウェブサイト上のバーチャル空間の最大の違いは、情報量だ。バーチャル空間は、テーマパークに比べて圧倒的に情報量が少なすぎる。視覚的なデータと音的なデータ、つまり二感まではウェブで表現できるのだが、そもそも人間は前述の二感と、匂い、触感も含め、感覚をフル活用する生き物だ。すべてを現状のウェブで表現することは無理である。

また、劇場の大スクリーンで見る映画は、ウェブ経由で配信されたり70インチのテレビで見るものとはとても比較にならないほど迫力がある。映画館で見るからこその感動というのは、明らかに存在するのだ。

　ただ、映画がＤＶＤやダウンロードで家庭のテレビやウェブで見られるようになったことで、変化が生じたこともあると思っている。

　近頃の映画は、映像のクオリティは随分上がったと思うのだが、プロットが甘い映画は観客にすぐに見破られ、受けなくなっている。

　以前は映画館のスクリーンの迫力だけでごまかせたのだが、ＤＶＤやテレビ放映で見てみると、「何だこれは？」という感想を抱くことにもつながる。精緻なプロットにしなければ、ほころびが見え隠れしてしまうのだ。

　近い将来、映画監督の中で「あえてＤＶＤにはしない」という決断を下す人が出てきてもいいのではないかと私は思う。劇場公開専用にするか、劇場専用とＤＶＤ向け、パソコンでの鑑賞向けのバージョンがそれぞれ存在してもいいではないか？

　ユーザーのニーズは、このように細かいシチュエーション別という方向に向かっているかもしれない。感動の種類が異なるものは、やはり前提となっている環境が必要であろう。

　近頃劇場での鑑賞で面白いと思うのは、３Ｄ眼鏡をかけて鑑賞するタイプの映画だ。以前、３Ｄ眼鏡をかける機会と言えばディズニーランドで上映しているアトラクションを楽しむくらいしかなかった。しかし昨年、ドリームワークスアニメーションズは２００９年以降のＣＧアニメ映画を、全て３Ｄ対応で制作する旨を発表している。さらに今年に入って、北米のシネマコンプレックスのＡＭＣが、系列の映画館、およそ４５００スクリーンを全て３Ｄ化するというニュースも流れた。日本ではまだ本格的に３Ｄ映画館のビジネスが始まっているとは言えないが、北米の動きを見ながら順次日本でも３Ｄ映画の土壌は固まっていくだろうと予測される。

購買喚起のためのアプローチをインターネットが変えた

体感型、そして、人が介するコンサルテーションによって価値が倍になるもの。こういった部分はウェブには向かない。

しかし個人的には、二感しか表現できないウェブであっても、ものによって使い分けできれば、それはそれでいいと思う。というのも、ウェブの場合は店頭に来ない人の購買を喚起できるのが、大きな利点であるからだ。

例えば、ワインショップ。一度購入すると、店舗からメールマガジンが来たり、自分で問い合わせがしやすいことで、店舗とのコミュニケーションの頻度が抜群に高くなる。

「○○を入荷しました」という情報をワインラバーに流せば、ワインラバーはついつい買ってしまう。つまり、顧客との接点が24時間365日になるのだ。

インターネットが普及するまで、店舗と顧客の接点は、顧客が来店したときだけだった。その短い時間で、ポイント加算などを理由に任意で住所や連絡先を登録してもらい、ワンウェイの手紙を送ったり、顧客が気になりそうなものやイベントを開催する際に電話をする、といった手法が主流だった。

しかし、実際こういったやり方は、顧客側から見てみるとあまり効果的とは言えない。郵送のダイレクトメール、ましてや売り込みの電話が休日に来ると、うっとうしく感じてしまう。売り込まれれば売り込まれるほど、その店舗に行きたいと思わなくなる――、こんな逆の効果につながってしまっていた。

しかし、こういった店舗から顧客へのアプローチがメールになることで、顧客にとって必要のない情報はすぐに消去できるようになった。郵送のダイレクトメールと比べてまったく嵩張らないのも、顧客にとっては大きな利点だ。

さらに、メールなら、気になる商品情報が掲載されたウェブサイトに直接ジャンプできるＵＲＬが記載できるので、そこへすぐさま訪れることができる。気になる商品の情報を得て、自分が納得できたら、そのまま購入手続きに移れるのも魅力だ。

つまりメールでのダイレクトメールは、郵送や電話での売り込みに比べて顧客への消費喚起効果が大きい。だから、店舗側としてみれば単なる顧客待ちではなく、顧客の購買意欲を喚起できるアクションを起こせる点が、これまでのＢ ｔｏ Ｃのビジネスと圧倒的に違うところである。

リアル店舗では、せいぜい店頭に来た人を喚起するだけで終わっていたのが、ウェブサイト上での商品アピールは、店頭に来ない人をも喚起できるのだ。アマゾンや楽天が、ダイレクトメールを顧客に向けて数多く発行しているのはそういうことだ。

ケータイをも巻き込んだＥコマース市場のさらなる拡大

Ｅコマースに向いているのはパソコンか、ケータイかということをよく聞かれるが、私はそれは商材によると考えている。

例えばカーペットや家電といった大物はパソコンの方が向いているが、日用品、消耗品は絶対にケータイの方が向いている。

多くの人は、「ウェブビジネスはウェブの世界のライフスタイルに合わせたものでなければならない」と考えてしまうのかもしれない。しかし、そもそも「ウェブのライフスタイル」などというものは存在しておらず、普通のライフスタイルとまるで一緒だ。

後者のような消耗品は、移動時間や休憩時間など、ちょっと気がついたときにサッと購入できるケータイの方がいい。例えば、「あ、味噌がなくなっているのに買い忘れた！」と思いつくのは、だいたいが近くにスーパーがないときか、スーパーの営業時間外だ。

それであれば、味噌を買うのはケータイの方が手間もかからないし、圧倒的に早い。だいたい、味噌を1個オーダーするのにわざわざコンピュータを立ち上げようなどとは、家に居たとしても思わないだろう。

しかし、本格的に検討して選ぶ商品は、パソコンの方が向いている。ケータイでは、どうしても比較検討がしにくい。思いつきでパッと買い物をする、つまりコンビニでものを購入する感覚がケータイで、大型店で他の商品とじっくり機能やデザインを比べながら決めたものを購入するという買い物の仕方がパソコン向け。別段、リアルライフもネットライフも思考パターンは変わらない。

ケータイでの物販について違和感をおぼえる層もあるかもしれないが、少なくとも若者はまったく問題にしていないようだ。事実、ケータイでモノを購入しまくっている。

例えば、楽天でも意外にファッショングッズが売れているという。

というのも、楽天で購入されるファッショングッズは、ブランドもののジーンズなど、いわゆるレアものが多い。レアものは見つけたらすぐに買わないと売り切れてしまうため、ケータイで見つけたものを家や会社のパソコンに向かってオーダーする……というのでは、購入が間に合わなくなってしまうのだ。

さらに、レアなファッショングッズを狙っている人たちは、しょっちゅうケータイで情報をチェックしている。楽天側も、現在の在庫や商品案内をケータイの方にメール配信する。それで気になる商品を見かけたら、パッとその場でオーダーしてしまう……という流れが出来上がっているのだ。

携帯電話、パソコンに関係なく、Eコマースに関してはいま現在も伸びているが、これからもどんどん伸びると考えた方がいい。

2008年末に発表された、富士経済の報告書『通販・e‐コマースビジネスの実態と今後 2008―2009市場編』によると、2008年のインターネット通販市場（見込み）は2兆1753億円、モバイルは3165億円とまだまだ小さい。民間最終消費支出が300兆円ある中で、わずか1パーセントにも満たない状態だ。

私は、Eコマースのポテンシャルとしては、10倍以上が見込めるのではないかと考えている。民間最終消費支出が約300兆円、その中の2000円以下の小口決済が約60兆円だ。小口決済のところは普通にコンビニなどを利用すればいいと思うが、そのほかのところで言うとまだ240兆円もある。

そのことを考えると、Eコマースの市場は、今後60兆円程度まで伸びていく可能性があるということだ。決して荒唐無稽な話でも、手の届かない夢の話でもない。

周りに惑わされず、ビジネスの本質をつかめ

そうは言っても、ウェブビジネス全体が今後どうなっていくかということと、自身のビジネスをいまモバイルビジネスに転換した方がいいか否かということとは、まったく関係ないことを理解してほしい。

むしろ、自分の商売に来てくれている顧客のことをよくわかっているのは、直接やりとりしている自分自身であるはずだ。

全ての顧客がケータイを持っていて、自社で扱っている商品がケータイからオーダーできれば便利だろうと思えるのであれば、迷わずやるべきだ。しかし、ケータイからオーダ

ーする必要がない商品だと思うのであれば、Eコマース全体がモバイルに移行しようが、やる必要はまるでない。

IT革命以降、皆がウェブビジネスを難しく考えすぎているし、世の中の動向を意識しすぎなのだと思う。

ケータイが普及しているか、していないかという部分では、世の中の動向は極めて大事だが、これだけ皆がケータイを持ってしまっているのだから、あとは自社のビジネスをケータイを持った人が利用するかどうかを考えればいいだけの話だ。そこで、「皆が」モバイルにシフトしているとか、さらに言えばEコマースにシフトしているかなどということは、はっきり言って関係ない。パソコンもケータイも、既にインフラ化してしまっているのだから。

第四節　プライシングとユーザーマネジメント

課金モデルと広告モデル、どちらがウェブ向きか？

これまではウェブビジネスにおける物販の話を中心にしてきたが、ここではウェブコンテンツを成り立たせる「課金モデル」と「広告モデル」というビジネスモデルについて述べていくことにしよう。

ウェブでは、特に広告モデルにスポットを当てられがちだ。

しかし、もともとは課金モデルも広告モデルも、既に世の中にあったモデルだった。例えばテレビ業界でいえば、民放は広告モデルだが、NHKやスカパーなどの有料チャンネルは課金モデルだ。

それはビジネスのやり方の問題で、ネットビジネス特有の問題ではない。ということはもちろん、「ネットビジネスの世界が特殊であり、広告モデルでなければ生き残れない」ということでもない。

では課金モデルと広告モデル、どちらの方がいいかというのは、やはりコンテンツのクオリティと支払う金額のバランスの問題だと私は考えている。

課金モデルの場合、例えばスカパーJSATが運営するデジタル衛星放送「スカパー!」に支払う数千円は、課金モデル云々以前に、あの値段で割に合うかどうかを加入者は考えているはずだ。

NHKの地上契約受信料は、1カ月で約1300円。衛星契約で約2300円。提供するコンテンツに対して「これくらいの金額ならば払ってもいい」という価格帯でなければ、もっと不払いが増えると思う。

プライシングの重要性を考える

だから、課金モデルにとって最も重要なのは、「リーズナブルな価格設定」なのだ。私はＮＴＴドコモ時代、このことを念頭においてｉモードコンテンツの価格設定を徹底させた。

ｉモードを利用する顧客は、「デジタルコンテンツにお金を払う」というのに慣れていない。従って、払ってもあまり抵抗がない金額――つまり、上限を３００円に設定させてもらうと決めた。ｉモードのプラットフォームを提供する側のＮＴＴドコモとして決定したのだ。

デジタルコンテンツフィーとしては、５００円でも１０００円でも構わなかった。現にいまは、当初の上限は撤廃され、２０００円の課金も許可されている。また、５００円で提供されているゲームもたくさん存在している。

しかし、当初３００円を上限にしたのは、最初の「思ったよりも安い」というイメージを大切にしたかったからだ。ｉモードの場合、まだどこもやっていなかったケータイ端末でのインターネットというインフラであり、これまでユーザーがいなかったところへ人を誘導するにあたり、「お得だ」というイメージは何よりも大切だった。

結果、こうした誘導の仕方は大成功だった。

単純に、携帯電話特有の課金のしやすさが成功の要因だと捉えられがちだが、実はそれだけではない。３００円の月額料金、つまり週刊誌以下の値段で月額の料金だというのを、リーズナブルだとユーザーに思わせたのが、成功につながったのだ。上限が３００円というだけで、実際は月額１００円や２００円といったコンテンツも多くあったのだから、ユーザーはより割安感をおぼえただろう。

この例から言っても、ウェブビジネスの成功モデルは課金か広告か、という議論はあまり意味がないのがわかっていただけると思う。

コンテンツビジネスのプライシング

コンテンツビジネスの場合、ビジネスモデルが課金か広告かという話よりは、課金される金額がリーズナブルか否かという議論、そこに尽きるのではないだろうか。

例えば音楽を購入したいと考えた際、音楽CDを買う方法と、音楽をダウンロードする方法がある。

音楽ダウンロードの場合、1曲あたりでバラしても、CDをまとめて買うのとあまり値段が変わらないのでは、ビジネスモデルとしてブレークしない。CDというメディアがない分、明らかにネット配信の方が安くていいはずではないか。その分安く配信すれば、音楽ダウンロードの方へとユーザーは大移動すると思う。

よく、「音楽はケータイではうまくいったが、パソコンではうまくいかない」という声が聞こえてくる。

しかし結局のところ、それもプライシングの問題だ。なぜなら、音楽CDに10曲入って3000円だから、音楽配信でも1曲300円なのであれば、音楽CDを買ったって変わらない。しかも、現状は音楽CDの方がまだ音がいい。それならば、レンタルCDショップで目当てのCDを借りてコピーした方が安いということになる。

現状のデジタルコンテンツは、「利便性」という付加価値だけで、パッケージ商品と価格をほぼ揃《そろ》えて売ろうとしている課金サイトが多いように見受けられる。それは、どう考えても儲けすぎではないか。

なぜなら、従来の音楽CDというパッケージであれば、そこに流通、在庫、販売手数料がかかる。そういった中間コストをデジタルとインターネットの力でおっかなびっくりゼロにしているのに、最終プライスはいままでのものと変えない、といった姿勢でやろうとすれば、当然のごとく、客は来なくなる。

客は、利益が自分たちへまったく還元されないことをすぐ見抜く。だから、「デジタルコンテンツはやっぱり儲からない」という結論に走ってしまう。

デジタルコンテンツが儲からないのは、もともとのプライシングを間違えているからだ。プライシングさえきちんと設定すれば、自分たちにメリットを感じたお客はたくさん来る。しかも、ウェブビジネスは口コミで広がるから、メリットがあればなおさら知名度は上がっていく。

そうなれば、ウェブサーバーの費用などはどんどん割り算されるので、来れば来るほど効率が上がり、有効な販売チャネルになるだろう。

デジタルコンテンツが儲からないとボヤく人の中には、「あえて来ないようにしている」かのように行動している人がいるかもしれないのだ。

それは前述した「販売店に来なくなると困るから、ネットショップでは人件費がかかっていないが、商品価格を変えない」というのとまったく同じ理屈だ。デジタルコンテンツでも、そういったケースが多い。

例えば、連続放映していたアニメーションやドラマを配信するのもそうだ。DVDで販売している値段を基準にウェブ配信コンテンツもプライシングするのは、絶対におかしい。DVDのメディアやパッケージにかかるコストはネットにはまずないし、原著作者にいくら払っているのかということを考えると、ウェブ配信コンテンツのプライシングには首をかしげるばかりだ。

ネットという効率的なメディアにふさわしい適切なプライシングをしないと、ウェブビジネスは絶対儲からない。

成功のカギはクオリティとプライシングのバランス

「付加価値」に着目するのも、ウェブビジネスを成功させるひとつの糸口である。

例えば、ネットならではの商品価値を上げるというのも適切なプライシングだ。顧客からすればインターネット経由にて自分で作業する負荷が増えるが、店舗に行かない分安くなったとか、何か違うサービスが付いているとか、価値があると思えるようなパッケージングをするということだ。こういったことは、ウェブビジネスに限らず、リアルの商売でも基本中の基本だと思う。

さらに広告モデルで勝負する場合は、ユーザーにとって「無料」だけでは魅力にならないことを、肝に銘ずるべきだ。メディアとして、また無料ならば無料なりのパッケージングをしなければならない。それは放送局と一緒だと考えればいい。地上波の民放局はすべて無料で番組を楽しめるが、その中でも面白い番組とそうでないもの、視聴率が高い、低いといった差が表れる。

ユーザーを集めるために創意工夫が必要なのは、ウェブビジネスでも同じだ。従って、無料で利用してもらうコンテンツであっても、やはりそれなりの編集作業や編成をしなければならない。そこに魅力があるかどうかで、ユーザーが何人集まるかが決まり、集客人数やアクティブユーザーのデータが取れる。ユーザーがついて初めて、広告が入って儲けにつながるのだ。

ただ問題は、ユーザーが満足いくような編成をするときに、広告の収入とバランスが合うかどうかだ。

テレビ局の場合は、24時間ひとつのチャンネルを編成しているが、インターネットの場合は多編成しなければならないので、多編成のコストをまかなえるぐらいの広告費用がバランスよく取れるかどうか。こうなると、経営の問題になってくる。

インターネットでの番組編成は、オンデマンド配信のようなものなので、時間も関係なくあらゆる人が見に来る。編成はテレビ局より難しいだろう。

しかし、ウェブビジネスはこの章の初めで紹介した通り、ある一点、クリティカルマスを超えたら非常に安定的なビジネスになる。そのことを忘れないでほしい。

プライシングのうまさで注目するサービス

プライシングのうまさという意味で、近頃私が注目しているサービスがある。チケットの売買サイト「チケット流通センター」だ。

チケット専門に扱っているサービスなので、例えば「ヤフー！ オークション」のような多品目を扱うオークションサイトよりも目当てのアーティストのチケットが見つかりやすい。

さらに、売買品が見やすくフォーマット化されており、席番も一目でわかる。また、オークションではないので指定金額を支払えば確実に手に入る点も魅力だ。

例えば、あるアーティストの項目をクリックしてみると、公演日、席番、枚数などが一覧となって現れる。ポイントは、自分が売りたい場合は定価よりも高く売れる可能性があるということだ。つまり、売る方が値決めできる点が、オークションとは決定的に異なる。

なぜこのようなサービスの需要があるのかというと、人気コンサートチケットの大部分は、ファンクラブや特定利害関係者でさばいてしまうことがほとんどであり、こうして一般に出回るチケットは限られているからだ。しかも一般販売では席の指定もできず、どんなに自分が熱いファンでも、運を天に任せるしかない。

一方で興行側から見ると、国内アーティストの場合、コンサートや公演はファンサービスの一環と捉えられており、公演だけで儲けるモデルにはなっていない。公演で客寄せして話題を作り、音楽CDを売って儲けるスタイルになっている。

つまり国内においては、コンサートチケットの定価が割安すぎるのだ。公演だけで儲けるのであれば、もっといい席を作って高く売るはずだ。要するに、価値と価格が乖離してしまっている。

例えば、最も席種間の価格差があると言われているクラシックのコンサートでも、同じ価格のS席の数は多く、席の良し悪しはバラバラである。正直本当に「S」（スペシャル）

な席は、10分の1程度しかない。逆に、その10分の1にあたる席が手に入るならば、通常のS席の2倍のお金を払ってもいい。

その点を突いたのが、このチケット流通センターのようなサービス。

どうしても良い席でコンサートを聞きたい人は、価格が高くても躊躇《ちゅうちょ》せず購入する傾向がある。特にクラシックでは、例えばウィーンフィルハーモニーが来日する場合、一瞬にしてソールドアウトということがままある。

チケット流通センターを覗《のぞ》いてみると、定価2万7000円だったS席が、5万5000円で売られている。

大きなホールであれば、ウェブサイトに席マップが掲載されているので、チケット流通センターに出品されているチケットの席番を見て、ホールのどの位置かを調べられるのもいい。

そして、売る人は他の人が出している価格と自分の席番を見ながら値段を決めていけるので、自動的にきめ細かい値段設定にもなる。これはウェブ2・0的でもあるし、CtoCのサービスとしてよくできているのではないか。

ユーザー登録は無料で、取引が成立した場合のみ、仲介手数料がかかる仕組みだ。送料込み売価が８５００円以上の取引の場合、送料込み価格の10パーセントをチケット流通センターに支払う。８０００円以下の場合は、一律８００円の手数料だ。

売りに出す方は、元のチケット代に手数料を上乗せした価格設定にすることがほとんどだ。だから、必然的に価値の高いチケットしか売りに出てこない。公演日ギリギリで行けなくなったチケットというよりは、人気コンサートのチケットが集まる仕組みがうまく作れているのだ。

ケータイとパソコン、ビジネスモデルに違いは出ない

「ケータイ」「パソコン」という分け方によってビジネスモデルに違いが出るのではという意見もよく聞くが、実はまったく関係ない。

例えば、インターネットの黎明《れいめい》期からアダルトコンテンツは課金モデルでビジネスが成り立っている。価格設定も強気で、月に５０００円だとしよう。ユーザーにしてみれば、レンタルショップでアダルトＤＶＤを借りる本数と、アダルトコンテンツの月会費を比べてどちらが安いか計算するのではないか。さらに借りに行く手間、気恥ずかしさも考慮して買うかどうか決める。そこでは、パソコンがどうか、ケータイがどうかというのは関係

ない。

「ケータイの方がお金を払いやすい」「パスワード4桁だけで加入/購入しやすい」という意見はあるが、パソコンでも、例えば楽天やアマゾンはパスワードだけで買い物ができる。

結局は、ケータイだから、パソコンだからビジネスがうまくいかないというのは、単なる言い訳にすぎない。リーズナブルな価格設定、消費者にとっての価値ができていればよいわけで、課金というのは単なる手段であり、ツールの問題。そこが障害になっているとは私は思わない。

さらに、「ケータイは課金手段が限られている。課金手段を多様化すれば、コンテンツやEコマースはもっとうまくいく」という言い方をする人もいる。そういった意見に関しては、私は大間違いだと思う。既にケータイのEコマースでもクレジットカードや代引といった決済手段を複数用意しているからだ。つまり、課金手段の問題ではなくコンテンツや商品の力の問題なのだ。

ウェブコンテンツで儲けようとすることへの反発

ウェブコンテンツビジネスに話を戻そう。

ウェブ上のデジタルコンテンツにおいては、最初のスタート時点から「無料」が当たり前だったので、パソコンはケータイに比べて課金モデルに移行しにくい、という声も聞く。例えば、iモードにはお金を払うのに、パソコンの情報にはお金を払わないではないかと。

しかしデジタルコンテンツに関しては、そこまでの違いはなくなってきているのではないかというのが、近頃私が実感していることだ。

例えばオンラインゲームは課金制で成功しているところが多い。また、ニコニコ動画は35万人ものプレミアム会員が月額500円を払っている。結局のところ、課金ビジネスは、やり方の問題だ。

確かにこれまでは、パソコンに課金のプラットフォームがなかったといったことをはじめとする様々な問題があった。また、これまで挙げてきたような値段設定の問題もある。

iモードでは、最初の3年間ほどは300円を上限とするという取り決めを厳しく守っていた。最初に高いイメージを持たせたらビジネスとしてはおしまいだからだ。月額固定で300円以下というのは、ユーザーのマインドセットが「これだけの情報や着メロを入手できた割にはずいぶん安い」といったところに値段設定をした。

この決断は、内部からも外部からもかなりの文句を言われた。これではまったくビジネスにならないと。

しかし、結果的にはすごいビジネスになったのは周知の通りだ。おかげで、現在では感謝されている。また、ユーザー心理を理解できず、「そんな値段では出せない」と言ってコンテンツをｉモードに提供しなかった企業のほとんどが、ビジネスチャンスを失ったのも見てきた。

ｉモードの場合はそうやって黎明期からのプライシングが成功したが、パソコンでインターネットに親しんできた古くからのユーザーには、コンテンツビジネスにおいて課金制で金儲けをしようとすると反発するユーザー心理は、確かに存在するのかもしれない。しかし結局のところ、それはユーザーマネジメントの問題だと私は思っている。私は、わざわざ「ニコニコ動画の黒字化担当」だと、ことあるごとにガンガン言っている。先日も、課金サービスが発表された際、「黒字化のためなのでごめんなさい　ｂｙ夏野剛」などというコメントが勝手に作られていた。

結局は、そういったことすらもツールにしていくことに突破口があるのではないか。企業にとっての利益、金儲けを前面に出したとしたら、それは普通のアナログビジネスでもユーザーにいやらしく思われるではないか。

ネットユーザーは、企業に対して容赦ない

コンテンツへの対価を支払うという、ユーザーのメンタリティーを上げることにおいては、リアルビジネスもウェブビジネスも基本的には変わらないが、ウェブビジネスの方がより強く表に現れるのは確かだ。アナログビジネスと違って、個人的な関係が存在しない。企業側にしてみれば、顧客情報はインプットされたデータだけだし、ユーザーにしても生で対峙《たいじ》している人間が存在せず、バーバルコミュニケーションがメインになるので、当たりも強くなる。ブログや掲示板などでよく見かける「炎上」という言葉が示す通り、容赦がない。

ウェブビジネスで気をつけなければならないのは、企業側の態度をユーザーが大目に見てくれないことだ。そのことは、忘れずに肝に銘じておく必要がある。

例えば、アナログビジネスで何か行き違いが生じたとする。顧客が怒り狂って会社へ乗り込んできたが、警備員の顔を見たらかわいそうな感じがしたので、ちょっと矛先を変えようか……などというようなことは、ウェブビジネスではまずあり得ない。対応を誤った

ら本当に炎上する。

だからこそ、ウェブでは余計に気をつけなければならない。これまで何度も言ってきた通り、「当たり前のことを当たり前に」気をつけて、丁寧に対応していけば、そんなことは起こらないとは思うが。

第三章　ウェブビジネスの未来

第一節　ウェブ広告の未来

ウェブと他メディアのマーケティングが根本的に異なる点

国内パソコン・ケータイ向け広告市場の推移を見ると、2000年は590億円だったのが、2007年では、その8倍近くになっている。

2002年のパソコン向け広告市場は575億円なのに対し、2007年には3790億円で平均成長率は32・8パーセント。ケータイは前者が15億円に対し、後者は621億円で、70・2パーセントの平均成長率とすさまじい勢いで伸びている（『情報メディア白書2008』電通総研）。

これは、それだけウェブの広告に効果があると企業に認められているが故の数字ではないだろうか。

ウェブのマーケティングとマスメディアマーケティングは根本的に異なる。

クリエイティブに関してはそう変わらないかもしれないが、ユーザーへ最終的にどう届けるかといった観点になると、メッセージの内容はまったく違うものになる。

例えばウェブマーケティングは、マスメディアのマーケティングと比べて効果測定が明確になるので、その分、きちんと使いこなさなければならない。クリックレートをはじめとして、どのウェブページをどれくらいの人数が読んだ、といったデータがリアルに出てくるためだ。

逆に言うと、うまくいかないものはさっさと引っ込めて差し替えなければならない。

しかし、テレビでは効果がよくわからないのだ。

例えば、「なぜドキュメンタリー番組の最中に、子供向けスナック菓子のＣＭが流れるのだろうか？」、テレビを見ながらそんなちぐはぐ感に首をかしげた経験を持つ人は少なくないだろう。

これがウェブならば、効果がシビアに測定されるため、そういったちぐはぐ感は許されない。同じクリエイティブのものを違うウェブサイトに掲載したら、結果が違うのは当たり前。

だからウェブマーケティングは、マーケティングをする側の知恵が常に試される。

ウェブの広告は出しっぱなしではなく、インタラクティブさも要求される点がマスメディアのマーケティングと大きく異なる。

広告掲載時には、効果測定の数値を見ながら広告戦略を細かく変えたり手厚いケアをしつつ進める必要があるという点で、ウェブマーケティングはとてつもなく大変だ。

ウェブ広告の身上は確実な効果測定

しかし、ウェブマーケティングの場合、もちろん手間をかけただけの見返りはある。確実に効果が上がることだ。

効果測定のデータは限りなく正確であり、その分だけ顧客が見ていることが確かになっている。だからこそ、冒頭で紹介した成長率で順調に市場を伸ばしていることにもつながるのだ。

これまでのマーケティングスタイルは、

1：マーケティングのプランを考える
2：媒体を決める
3：1週間前までに原稿を作る
4：広告を出稿する
5：マーケティングをいったん終了

6：効果測定

という流れだった。広告の出稿から効果を測定するまで、2週間の休み期間がある。

テレビならば、CMを流した1週間後に視聴率といったいろいろなデータが出て、そこから時間をかけて分析、それから次の手を打つ、という流れになる。

タイムフレームにすると、

1：1カ月かけてプランを練る

2：媒体を選定

3：1カ月でCMを制作

4：CM放映1週間前に入稿

5：CM放映

6：放映の1週間後に結果が出る

7：結果を1カ月かけて分析する

つまり、CMの制作から効果測定までは2カ月と2週間で1サイクルなのだ。

その間に、4と5の2週間の結果が出るまでの休み期間がある。しかも、一番大事である顧客からの反応が活発に出ている頃だ。

この流れはメディア系だけで、「2週間の休み期間」と呼んでいる期間は、店頭に対してのマーケティングなど、別のことをやっているのだろう。
わかりやすくメディア系のマーケティングに的を絞って解説すると、前述のような流れになるということだ。
しかし、同じメディアでもウェブは違う。
1：最長でも1週間程度でプランを練り
2：クリエイティブに関わる人間を調整して2週間で制作
3：ローンチしたその日から分析に入り
4：1週間後には広告内容を変更
というように、広告そのものを、まるで生き物のように変えていく。
つまり、1カ月でプランから評価までが全部終わるのだ。他媒体の、2カ月と2週間のサイクルが、1カ月に短縮される。しかも、手元には膨大な解析データが残されるのだ。

ネット広告がこれまで伸びなかったワケ

そんなに効果が上がるとわかっているウェブ広告に、なぜもっともっと企業が出稿しないのだろうか。

答えは意外である。広告担当者にとって、効果測定を見ながら、広告戦略を変えたりしなければならないのがとてつもなく大変だから。

日本以外の国の企業では、事業責任者自身がマーケターとなり、メディアバジェット、メディアアロケーション（資源分配）といったことを決定する。テレビに対する広告費はいくら、雑誌に対する広告費はいくらといったことだ。

それに対して日本の企業は、広報部や宣伝部が広告出稿先の媒体を握っている。彼らからしてみれば、ワンショットの大きな案件を長時間かけてやる方が楽なのだ。

だから古い企業であればあるほど、まだマスメディア系を広告出稿先として選ぶところが多い。年配の広報部長や宣伝部長がいる企業であれば、その傾向は顕著だ。

しかし、このたびの「100年に一度」とも言われる不況も追い風となり、広告はさらにネットへシフトしつつある。そもそも、何のために宣伝しているのかということにようやく気がつく企業が増えてきたのではないだろうか。

広報部や宣伝部の負荷を減らすためではなく、自社製品・サービスを顧客に知ってもらうためなのだと。一度このことに気がつけば、この流れはどんどん加速するだろう。

これまで企業がウェブ広告にさほど熱心にならなかった大きな理由がもうひとつ。「効果測定がしやすい」ことが、ある意味ネックになっている。

よく「ネット広告はリーチが深い」と言われるが、これは「どれくらいの数の客が広告に反応してそれをクリックしたのか」という、クリックレートが明確になるためだ。その結果、このネット広告メディアは非常に効果がある、もしくは効果がないということを、広告主が把握できるようになる。

そう、「広告効果がない」ということまで広告主が数値を含めて把握できることが最大の問題なのだ。

そうは言っても、「広告効果の有無」が明確にわかるウェブにはお金を出し渋り、効果が曖昧《あいまい》な他媒体に大枚をはたく。測定できないものに甘く、測定できるものにはより厳しくという企業の姿勢が、私の目にはとても不思議に映る。

テレビや新聞広告の場合、「どれだけの人がその広告を見て商品を購入したのか」などといったことは測定できない。テレビの場合、数値が出るのは極めてジェネラルな「番組の」視聴率であり、しかもその視聴率を参考にした効果測定方法になっている。企業側はそこに、番組スポンサーとして何億円というお金を払っている。

それにもかかわらず、広告費が数百万円のネットに対して、非常にシビアに効果測定をしてしまっているのだ。

ネット広告は、いまだ他のメディアに比べてフェアに扱われていない。他のメディアはワンウェイだから、そもそもその効果をどうやって測るんだということを疑問視せずに、そのまま大枚をはたいている。テレビや新聞でせいぜい有効なのは、企業または商品のブランディング効果だろう。各企業は、本当にそこに価値を感じて億単位の広告費をかけているのだろうか？

「ネット・ジャック」でブランド力を高める

テレビや新聞など、多くの人に単一のメッセージしか流せない広告メディアは、ブランディングには向いているものの、説明型の商品や、ある特定の人をターゲットにした商品に対する訴求力は非常に弱い。

そういう意味では、説明型の商品に対する不効率、非効率な広告は各メディアに山ほど残っている。インターネットが普及するまでの流れで、広告媒体としてはテレビや新聞といったメディアが一番だと皆がなんとなく思っているのが現状だ。

テレビにはまだ2兆円、新聞には1兆円という広告市場がある。本章の冒頭で紹介した国内パソコン・ケータイ向け広告市場の4411億円に比べ、桁違いであることがわかっていただけるだろう。

しかし、ブランディング効果をマスにリーチさせる能力をテレビや新聞が持っているのは確かだとしても、実際は本当にリーチしているかどうかはわからない。

視聴率の測定が曖昧であること、ハードディスクレコーダーの普及でCMをスキップする人が増えたこと、テレビをつけてはいても、家事などほかの動作をしている場合は、CMをじっくり見ていないことなどが考えられるからだ。

従ってブランディングという意味でも、実はウェブ以外の媒体は効果が怪しいのだ。

「メディア・ジャック」といって、テレビや新聞、雑誌、車輌などの広告スペースを全て買い取り、広告として大きなインパクトを与える手法がある。

今度は試しにネット広告を占拠した「ネット・ジャック」なるものを、どこかの会社が一度やってみればいいと思う。おそらく、テレビ以上にブランディング効果があるのではないだろうか。

あるひとつのウェブサイトをジャックすることは、これまでもあったかもしれない。私がイメージしている「ネット・ジャック」とは、ヤフーをはじめとする大手ポータルサイトの全てのページを一社が独占するというものだ。かなり大がかりなことだが、金額的にはテレビ広告よりもかなり安くできるはずだ。

しかし、やろうとする企業はなかなか現れない。なぜなら、前例を持たないからだ。前例がないことにあえて挑戦するような企業が早く現れてほしいと思うし、実際そう遠くない将来、ネット・ジャック広告は実現するのではないだろうか。

マス広告を、ウェブ広告は確実に超える

これまで、新聞やテレビをマスメディアと捉えた記述をしてきたが、メディアにはラジオや雑誌も存在している。しかしマスメディアという言葉に関して言えば、私はこの二つの媒体に対して別の見方を持っている。

ラジオは、いまとなってはマスメディアというよりも、一部の人たちしか聴かないメディアになってしまったように思うのだ。従って、逆にラジオを戦略的に使う人、広告主が増えてきている。

また、雑誌はもともと「雑誌」というカテゴリで見るとマスメディアだが、雑誌の一冊

一冊で見るとターゲットマーケティングツールだ。だから、ターゲットを明確にして打っているため、雑誌はもはやいわゆるマス広告にはあたらない。

従って、マス広告が打たれるのは、テレビや新聞、そしてインターネットという前提で話を進めたい。そのことを踏まえ、再度言おう。これからは、新聞やテレビをインターネットが超えていく時代が確実に来る。

なぜなら、ネット広告は、「リーチする人の数」プラス「雑誌のような個別性」の双方を備えているからだ。

日本の企業は、広報部や宣伝部が広告の権限を持っているということは、先に述べた。アメリカをはじめとする他国は、製品開発に携わった部署、そこの責任者が、商品の売上を大きく左右する広告のメディア配分を決める。なぜなら、広告費は一番大きなリスクだからだ。

ところが、国内企業の広報部とか宣伝部は、「広告のプロ、専門家」という名の下に、新商品の開発をしている部署の相談に乗りながら、広告の内容や広告を出す媒体を自分たちだけで決めてしまう。

さらに、「年間予算」という概念が絡んでくる。テレビ広告は年間予算がこれくらい、雑誌はこれくらいといったことが先に決めてあって、そこへ新商品の開発プランをあてはめていく。つまり「予算」が先に立っており、決して戦略的な広告メディア配分をしているわけではない。むしろ、予算という企業の都合を最優先するのだから、戦略的広告メディア配分などできるはずがない。

広報部長や宣伝部長は、「新しい商品を売る」ということを考えはするけれども、それよりも「広告予算をどう配分するか」の権益配分を第一義の仕事として捉えている。

さらに、商品事業の責任を負ってはいないので、広告メディアへの予算配分を最高効率的に行うインセンティブを持たない状態だ。

これが、広告市場がなかなか変わらない最大の理由だと、私は思う。

よく、電通や博報堂をはじめとする「大手広告代理店が保守的なので、新しいメディアに広告費がなかなか配分されない」という話が聞こえてくるが、真の原因はむしろ広告主そのものにあると思う。

代理店から見れば、メディアがテレビだろうがネットだろうが、広告を扱えれば彼らのビジネスには関係ない。素人感覚の広告主、または真剣さが足りない広告主――特に、大企業の広告主が非常に大きな障害になっていると私は考えている。

ただし、これだけインターネット広告のリーチ数が増え、テレビや新聞の効率の悪さが指摘されている昨今、不景気も相まって、インターネットへ広告媒体を移さざるを得ない企業も増えているだろう。事実、ここ2、3年のネット広告の著しい伸びに対し、テレビも新聞も、広告量が減少している。

ネット広告へのポテンシャルは増える一方だろう。そのポテンシャルをきっちりと収益の手段につなげるような仕掛けや工夫を、インターネットメディアも怠ることなく実行していく必要があるだろう。

ケータイでターゲットにリーチしたモスバーガー

ここで、テレビ広告からインターネット・モバイル広告へと広告戦略をシフトした実例として、二つの企業を紹介しよう。いずれもハンバーガーチェーンのロッテリアとモスバーガー（モスフードサービス）だ。

ロッテリアは、国内ハンバーガーチェーンの中でもいち早くテレビCMから撤退を決めた。2003年頃に起きた経営悪化が大きな一因だ。広告は主にインターネット・モバイルへとシフト。メールマガジン「ロッテリア通信」を配信し、キャンペーン情報やメールマガジンの会員限定・ケータイクーポンを発行している。

モスバーガーは、販売促進策見直しの一環としてテレビCMを徐々に廃止する方針を2008年11月に発表した。広告費は、ケータイで配信するメールマガジンと店頭の販売費にシフトした。メールマガジンでは各店舗の情報をメインに提供している。

両社とも、確実に登録者に広告内容がリーチできる点に多大なるメリットを感じている。いずれもハンバーガーチェーンで利用者に若い世代が多く、確実にケータイを使いこなしていることも、モバイル広告へのシフトが成功した大きな要因だろう。特に、利用店舗ごとのきめ細かな情報が手持ちのケータイに届くメリットは計り知れない。

このように、リーチしたいターゲットに向かって効果的にプロモーションすることが、いまや国内販売台数一億台を突破したケータイという端末によって実現した。

未来の広告のカタチ～個人最適化

では、次なる広告はどのような形になるだろうか？

おそらく広告はさらにカスタマイズされていき、より個人レベルでのアプローチへと進化を遂げていくだろう。

実際、他国企業のプロモーションはその方向へと進みつつある。

例えば、イギリス小売大手のTESCO。顧客の購入データをもとに個々の顧客像を分析し、プロモーションに活用している。クーポンやポイントなどのロイヤリティプログラムを活用して収集したユーザーデータをデータベース化し、顧客傾向を割り出しているのだ。

いつ、何を、どういう組み合わせで購入したかをデータとして記録し、そこから個人像を割り出していく。例えばこんな具合だ。

「スミスさんは当社を頻繁に利用する若い女性。彼女は平日の夕方遅い時刻に来店し、高級品を購入する。彼女はクーポンを使わず、プロモーションに応じて来店することもない。彼女はおそらく、いつも買っているキャットフードのブランドを気に入っており、今後も変えることはないだろう。それは、手洗い用の洗濯洗剤に関しても同様と思われる……」

もうひとつ事例を挙げてみよう。グーグルのアドワーズだ。グーグルは検索技術を活用することで、ユーザーデータの蓄積なしにカスタマイゼーション広告を提供することを可能にした。

例えばグーグルが提供しているメールサービス、Gメールで送受信したメール内容を表示させると、画面右手に検索広告（アドワーズ）が表示される。これは、検索技術を利用してメールの内容をスキャンした上でメール内のキーワードを把握し、そのキーワードと関連性の高い広告ページへのリンクを提示しているのだ。インスタントなカスタマイゼーションにより経済的に、かつヒット率の高い広告を実現している。

こういった事例を見ていくと、個人を特定した広告はあながち夢物語とも思えなくなってくる。

私が考える近未来のカスタマイズ広告イメージは、トム・クルーズ主演のSF映画『マイノリティ・リポート』に出てきた形態だ。この映画で描かれる2054年の未来世界では、マス広告はもはや存在していない。生体認証によって個人が判別されている時代なので、街を歩けばその人に合った広告が飛んでくる。例えば、GAPの店舗に入った主人公は虹彩《こうさい》認識で個人が特定され、「先日のタンクトップはいかがでしたか？」といったアナウンスが流れる。

マイノリティ・リポートで描かれた広告がどれくらい先になるかはわからないが、現在も研究が進められている広告のカスタマイズがますます精度を増していくであろうことが予測されると同時に、個人的に楽しみでもある。

第二節 仮想通貨がウェブビジネスを加速させる

電子マネーの成長度

インターネットの普及により劇的に変化を遂げたものの中に、電子マネーがある。ビットワレットが運営するプリペイド型電子マネー「Ｅｄｙ」、同じくプリペイド型で、乗車券としても利用できるＪＲ東日本（東日本旅客鉄道）の「Ｓｕｉｃａ」、チャージのいらないポストペイ型としては、ＮＴＴドコモのケータイクレジットサービス「ｉＤ」などが代表的な例だ。

私も、ＮＴＴドコモ時代には率先して電子マネーの開発と普及に努めてきた。モバイルＦｅｌｉＣａチップを内蔵した携帯電話端末「おサイフケータイ」が登場してから今年で5年。ようやく普通に使われるようになりつつある。

個人決済市場の推移を見てみると、おサイフケータイが登場した次の年にあたる２００5年の現金決済市場は１８５兆円、電子マネー決済市場は１０００億円だった。２００7年には、現金決済が１９２兆円で電子マネー決済は６０００億円に。現金決済市場は1997年の時点で199兆円、2007年までほぼ横ばいで推移しているのに対し、電子マネー決済市場は2005年から2007年の2年間で、急激な成長を遂げているのがわかる(シーメディア、日本銀行、矢野経済研究所)。

主要電子マネーの発行枚数を見ても、ユーザー数は右肩上がりで増加している。前述のSuica、Edy、iD、に加え、「ICOCA」(西日本旅客鉄道)、「PASMO」(パスモ)、「nanaco」(セブン&アイ・ホールディングス)、「WAON」(イオン)といった電子マネーの発行枚数は、2008年10月の時点で1億枚を突破(各社発表値)。SuicaとEdyのサービスが開始されたのが2001年11月だから、約6年足らずで1億枚を達成したことになる。

おサイフケータイの電子マネーも順調に増加している。おサイフケータイとEdyモバイルサービスが本格開始されたのが2004年7月。その約4年後、2008年6月には、おサイフケータイ搭載電子マネー発行枚数が1000万枚を超えた。

電子マネーのビジネスモデルとマーケティング

電子マネーの最大の利点は、各プレイヤーがWIN―WINの関係で利用促進を図れる点だ。独立系電子マネーのＥｄｙを例に説明しよう。

この場合、プレイヤーはＥｄｙ（ビットワレット）、コンビニなどの加盟店、利用者の三者。Ｅｄｙ側にはＡＮＡのような、ポイントをＥｄｙとして利用できる企業も含まれる。

利用者が加盟店に行くと、簡単でスピーディな決済の利便性を見いだす。従って加盟店にとってはそれが来店や利用を促し、さらには購買へと結びつけるトリガーとなる。

Ｅｄｙは加盟店に対し、顧客囲い込みツールとしてのポイントプログラムを提供する。また、決済の利便性が引き起こす客回転率の向上と、客単価のアップというプラス面が見込める。

加盟店は手数料をＥｄｙに支払い、Ｅｄｙは利用者にポイントを還元するために、利用者が加盟店でＥｄｙを使う頻度はさらに高くなる。

このような関係はクレジットカードのビジネスモデルに類似しており、その効果はクレジットカードで実証済みだ。

電子マネーの導入による加盟店の売上増加については、ここで実証事例を挙げてみよう。コンビニのａｍ／ｐｍ（エーエム・ピーエム・ジャパン）と大丸ピーコック（ピーコックストア）だ。

am／pmでは5分間の決算人数を集計。その結果、現金に比べてEdyは客回転率が31パーセント向上していることがわかった。また客単価を調べた大丸ピーコックでは、Edyでの支払いが現金支払いでの単価を11パーセント上回るという結果が出た。

電子マネーは、単純な売上増をもたらすだけではない。顧客ひとりひとりの購買履歴を分析し、マーケティングにも活用されている。

これは、流通系の電子マネーであるnanacoがいい例だ。会員の個人情報と、商品ID、購入日時、購入組み合わせといった購買情報を、マーケティングに活用すべく分析する。具体的には、「どのような客層が何を好んで購入するか」「どのような商品にリピーターが多いのか」といった内容だ。

電子マネーとリアルマネーが交錯する

電子マネーは、ウェブ上の行動とリアルな行動を完全にリンクできるという利点がある。例えば電子マネーを使うことにより、ウェブ上で払う行為とリアルな場所で払う行為が単一の明細で見られたり、支払い手段として同じものを使用することができるのだ。

単純に考えてみても、電子マネー登場以前はウェブ上で現金支払いはできなかった。

現金はリアルな場面でしか使えないが、電子マネーは両方で利用できる。クレジットカードも後払いの電子マネーのようなものだ。つまり、現金と電子マネー、双方の消費行動を分けなくていい。

現状では、ウェブのEコマースサイトで何かを買う行為と、リアル店舗で買う行為がまだ分かれている人もたくさんいると思う。電子マネーがさらに普及すれば、チャージした電子マネーの金額の中から全てを支払えるようになる。そうすれば、使う貨幣やシーンの分離がまるでなくなるのだ。

加えて電子マネーの登場により、店舗カードや航空会社のマイレージに代表されるロイヤリティポイントと電子マネーはイコールになり得たと言えよう。これまで、ポイントは仮想空間または同一店舗でしか使えなかった。ところが電子マネーが登場したことにより、多方面で通貨として利用できるようになったのだ。

いい例が、全日空のマイレージだ。ANAを利用したマイレージを貯《た》めてEdyに換え、タクシーや飲食の支払いに使うといったことが現実になった。

つまり、電子マネーの登場により、いわゆるバーチャルな行為とリアル世界で行う行為の差がなくなってきている。インターネットで航空便の予約と支払いを済ませ、そこで加算されたポイントをタクシーの支払いに使う。いま現在、それができている。これは、電子マネーが登場していなければ実現し得なかったことだ。

電子マネーの普及は衝突の連続

このように電子マネーは社会に大きなメリットをもたらしている。しかし、その普及に関しては決してスムーズにいったとは言えない。

おサイフケータイはNTTドコモ時代に、私が主導で進めたプロジェクトだが、開発当時は、コンビニやタクシーで電子マネーを使えるようにするという発想が思った以上に受け入れられず、社内外の人間を説得するのがとにかく大変だった。

おサイフケータイを開発していた2000年代前半、当時の「電子マネー」というと、インターネット専用のプリペイドカード「ウェブマネー」や「ビットキャッシュ」などが既に登場していたが、結局のところそれは店舗ごとに発行されるポイントと変わらないし、ユーザーへの付加価値も微々たるものだった。何より、〝インフラ〟になり得ない点が、私が考える電子マネーのビジョンとはまるで異なっていた。

私が目指したのは、〝硬貨や日銀券に置き換えられる〟電子マネーだった。

コンビニや自販機、そしてタクシーで必要になる小銭。溜《た》まれば重く嵩張る硬貨をもっと負担なく携帯できるようにしたかったし、何より細かい硬貨を勘定する手間を撲滅したかった。いまとなっては結果的に、そういう手間の半分は撲滅できたと思う。

硬貨だけでなく、クレジットカードでも少額決済をやるべきだという信念があった。それは、「iD」として実現している。ほとんど全てのコンビニで、iDが使えるようになったことは、とても喜ばしい。

しかし何度も繰り返すようだが、電子マネーの普及は心底骨が折れた。小銭を使う機会の多いファストフードをはじめ、いくつかの業種ではいまだ電子マネーが理解されていないという現状もある。

様々な業種と電子マネーの話をしてわかったことだが、電子マネーの構想を聞く側は、プラスに捉える点とマイナスに捉える点との両方があった。

例えばコンビニが電子マネー化することでプラスになる点として、私は「支払いの簡易化により、『ついで買い』が増え、客単価が上がる」という話を繰り返し説明してきた。コンビニ側もそのプラス面は認めている。

その半面、「電子マネー導入により店員教育で混乱をきたしたとしたら、せっかく客単価が上がる行動にシフトしたとしても、マイナス点で相殺されてしまいかねない」と考え、躊躇する。ほかにも、マージンを払わなくてはならないのが問題だといった「店舗側の論理」が幅を利かせてくるのだ。

そういった、一個一個の事象はまさに真なりであろう。

しかし、私が電子マネーの構想を説明しにいったのは、各々の企業が抱えるひとつひとつの問題を聞いて解消するためではない。電子マネーを導入したその先の将来がどういったものかという展望を共に話し合いたかったからだ。

現状の現金決済と電子マネーのどちらに夢があるか、将来に発展可能性があるかどうかという議論をしなければならない場面で、目先のプラスマイナスを討論するということが相次ぎ、電子マネーの普及はひどく困難を極めた。

こういった根幹の変化に関しては、やはり経営のレベルで判断しなければならない。インフラレベルの話を現場で判断させようとしても絶対に無理だ。

これもまた、企業のリーダーがどれだけ先の展望を見られるかというテーマにつながっていく。

「使えていない人」を言い訳にするな

電子マネーを使いこなせていない人は、実際まだたくさんいるかもしれない。けれども、そういう人たちのために既に電子マネーを使いこなせる人たちが一生懸命啓蒙活動をする意味は、私はないと思う。

むしろ、電子マネーを使おうとしない人に向かっては「どうぞ損して生きていてください」と言いたい。便利なツールは喜んで紹介するが、使うのが嫌なのであれば、別に無理強いはしないという話だ。

「いや、そういう人たちを啓蒙しなければ」とか「そういう人たちが使えるようになったときに、私たちのビジネスが始まる」と考える人たちもいるが、それはただの言い訳だ。どんなシステムでも「使えない人」がいるのは当たり前。実生活でもケータイを使いこなせなかったりする年齢層は確実に存在するのだから、そのことを思い起こすと「全ての人が電子マネーを使えるようになるのを待つ」ことがいかにナンセンスであるか、わかってもらえると思う。

前述の通り、電子マネーのメリットを把握している人たちだけでも既に大きなマーケットになっている。そうであれば、電子マネーのユーザー向けにどんどん新しい試み、売り方、いい商品を出していくことの方が大切ではないか。

日本は共産主義ではないので、皆が公平にサービスを享受すべきということはない。資本主義、市場経済の世の中では、先進ユーザーが得をするし、ビジネスモデルのある世界をどんどん作っていけばいい。そこに対しては何の躊躇もいらないだろう。

電子マネーが普及するまで待った方が、ビジネスチャンスが転がっているという考えのリーダーもいるかもしれない。しかし、それは大間違いだ。電子マネーの市場においても、前述の「二八の法則」は思いきり効いている。2割のユーザーで8割のトランザクションが起きているのだ。

第三節 ネットメディアとデジタルコンテンツ

アメリカメディアのウェブ動画サービス連携例

ネットビジネスの中で私がとりわけ注目しているのは、デジタルコンテンツ分野だ。

パソコン・ケータイ、そしてインターネットが広く普及したことで、メディアを取り巻く環境は大きく変化した。年齢別のメディア接触時間を見てみると、2008年には、15

歳～20代の若年層のインターネットメディア接触時間が全体の約40パーセントと、高いシェアを占有している（『メディア定点調査２００８』博報堂DYメディアパートナーズ・メディア環境研究所）。アメリカのメディアはYｏｕTｕｂｅとの連携をはじめとするネットメディアの活用を強化し始めている。

例えば、NBCとNｅｗｓ　CｏｒｐのジョイントベンチャーであるHｕｌｕは２００7年10月、テレビ番組／映画の無料提供サイト「Hｕｌｕ」を立ち上げた。

１１０社がコンテンツを提供しており、１０００以上のテレビ番組と４００以上の映画を提供する。立ち上げ後、1年で６３２万のユニークユーザー数（アメリカのみ）を記録。YｏｕTｕｂｅ並みの広告収入を獲得するまでに急成長を遂げた。

アメリカでは、YｏｕTｕｂｅとの連携を強化した事例も目につく。CBSは、２００8年10月より、人気番組『スター・トレック』『ビバリーヒルズ高校白書』の配信をYｏｕTｕｂｅで開始した。

また、同年11月にはMGMが、同社の所有する映画の全編ノーカット放送や、『ロッキー』など著名映画の名場面集をYｏｕTｕｂｅ上で開始している。

ニコニコ動画には政治家も参入

国内動画サイトの閲覧数シェアを見てみると、共有型のYouTubeとニコニコ動画の2社が台頭。

2007年は、約194億PV（ページビュー）があった閲覧数に対し、前述の2社だけで70パーセントを占めた（日経産業新聞2008年7月28日／週刊ダイヤモンド2008年8月23日号）。日本でも一部メディアにおいて、ネットメディア活用の兆しは存在する。

例えば東京MXテレビは、2007年7月よりニュース番組や都知事記者会見などの主力番組をYouTubeから配信している。

また、スカパー！（スカパーJSAT）は、FOXのダンス番組放送に先行し、日本の視聴者を対象に「ウェブ・ダンスオーディション」を開始。YouTubeに自分のダンス映像を投稿してもらい、優勝者を放送内で紹介する試みを行った。角川グループは、2008年1月にYouTubeへの公式チャンネル設置を発表。自社権利作品を含む投稿動画をチェックし、権利者の許諾を得た上で、モラル上問題がなければ認定マークを付けて公開している。

一方、ニコニコ動画を有力メディアとして活用する企業・プレイヤーも増えてきた。

吉本興業、ａｖｅｘ、ＭＴＶといったコンテンツホルダーたちは、ニコニコ動画公式チャンネルへの保有コンテンツの提供を開始。健康機器メーカーのタニタは、公式コミュニティを開設した。動画を流し、若いユーザーからのコメントを得ることで、商品開発に結びつける狙いだ。

さらに、麻生太郎氏や小池百合子氏をはじめとする政治家が公式チャンネルを設立し、ネットユーザーに向けたメッセージを積極的に発信するケースも多く見受けられるようになった。

回線速度向上に対する無用の期待

現在、一般家庭でも光ファイバーを使ったインターネット環境は当たり前になってきた。通信速度の高速化に一番影響を受けるのは、デジタルコンテンツのあり方だ。

「将来はさらに通信速度が上がるのでは」「それにより動画コンテンツの展開はさらに有利になるのでは」といった意見が私のもとにも寄せられることがある。

もちろん、通信速度は、サービスを提供する側も受け取る側も、速ければ速いほどいいと思うだろう。

しかし、これ以上回線速度が上がっても、アプリケーションは劇的には変わらないと思う。

回線速度は100メガビットの光まで到達しているので、一般家庭でもビデオダウンロードが当たり前になってしまった。結局、通信速度で大きな影響があるとすれば、ダウンロード時間が1分なのか10秒なのかといったことくらい。どのみち、本編を視聴している間にダウンロードすればいい。

通信速度がいま以上に速くなっても、「ベターにはなるが、レボリューションはない」。通信速度が上がったから、新しいビジネスモデルができるような、革命的な変化はもう訪れないと、私は思う。

これに関しては、通信業界や政府や総務省などが、通信環境の向上に関して期待をあおりすぎなのではないか。

そもそもなぜ通信スピードを上げろという話が出てくるかというと、昔の通信産業発展の、延長線上のイメージをまだまだ引きずっているからに他ならない。

アナログやISDNの遅い回線しかなかったひと昔前に比べ、ADSLや光の出現によって通信速度は非常に高速になり、コンテンツプロバイダーにもユーザーにも大きな意識の変化が訪れた。このときの体験が、現状から通信速度を上げるとまたすごく変わるんじゃないかという思いにつながっていると思う。

100メガの光ファイバーは、とにかく十分に速い。

むしろ、ネックになっているのは、CPUの処理速度やパソコン側のメモリのサイズ、周辺機器へのアクセス、同じネットワークの中でどれくらいの人間が同時に使っているかといった、クライアント側の問題だ。

回線がいま以上に速くなるのはもちろんいいことだと思うが、提供される速さを実現するためにはよりハイスペックなマシンに買い換えなければいけないということでは、これまでに起こしたような変化のパワーはもう起こらないと思っていい。

それに、回線に頼らないところでの技術革新も行われている。例えば、YouTubeは動画の圧縮技術を高め、動画そのもののクオリティも上げてきている。つまりはアプリケーション側でできることはそちらでも行われているのだ。

テレビ局にとって、ウェブは本当に脅威なのか

新たなメディアが力をつける一方で、民放キー局の放送事業収益は悪化傾向にある。2

002年に比べて特に収益減が目立つのは、日本テレビとフジテレビだ。

日本テレビは、2002年の営業利益444億円に対し、2007年は275億円。フジテレビは2002年が337億円、2006年は362億円と比較的好調だったが、2007年は146億円と急激に落ち込んだ（各社決算短信）。

テレビ局も、新たなビジネスモデルが求められているのだ。

放送と通信の融合という観点から言っても、インターネットはツールとして大いに利用できるだろう。

テレビ業界も、インターネットは単なるツール、武器だと考えればいい。そうすれば、いいテレビ番組を作れた人は、インターネットで無料で配信したくなるはずだ。しかし、現状はどのテレビ局も制作会社も、一部の番組を有料で配信するにとどまっている。おそらく、インターネットを脅威として捉えているのではないか。

なぜ、インターネットを脅威と捉えてしまうのか。

現在国内では、多くの一般家庭がDVDレコーダーを備え、テレビ番組を録画している。2009年3月末、単身世帯を除く国内一般世帯ではDVDレコーダーの普及率が調査世帯の半数を超えた51・2パーセントだった（『国内デジタル家電世帯普及率』日経マーケット・アクセス）。日本中で記録できるＤＶＤ・ハードディスクの容量を割り出すと、何百ペタバイトというとてつもない数字になるかもしれない。

もし、国内のテレビがすべてインターネットに対応し、必要なときににテレビ局のサーバーから番組をダウンロードしたとしたらどうだろう。当然ながら、テレビ放送の存在価値がなくなってしまう。しかしいつでも好きな番組をダウンロードできるのだから、視聴者からすればその方が使い勝手がよさそうだ。

テレビ番組を提供する側は、皆がそういった行動を取ればいままでのビジネスモデルが崩壊しかねないと考えているようだが、ダウンロードできる番組コンテンツ全部に、広告をつけて出せばいいだけの話ではないのか。これならば、自宅でＤＶＤレコーダーに録画して番組を見るのと、何も変わらない。むしろストリーミングで配信すれば「ＣＭ飛ばし」もできないので、視聴者数のアップにつながるのではないか。とすれば、インターネットはテレビ局にとっての新しいビジネスチャンスとして捉えることもできる。

新しい価値への恐れが、コンテンツを宝の持ち腐れ状態に

このように、インターネットと放送事業が手を組めば、広告主にとっても新しいメディ

アが開拓でき、さらにユーザーにとっても利便性の高い、新しいビジネスモデルが作れる可能性だってある。

それなのにテレビ局の中にはその点を見ようとはせず、必要以上にインターネットを敵視してしまっている人たちもいるようだ。大変もったいなく、残念に思う。

それというのも、日本のテレビ局が提供する番組コンテンツは非常にクオリティが高いからだ。それにコンテンツも豊富である。地上波のキー局だけでも六つのチャンネルが24時間分のコンテンツを生産しているし、さらに全国の準キー局、地方局まで入れていくとすさまじい数になる。

現在、これらの番組コンテンツの再利用法は、ほんの一部のヒットコンテンツだけをDVDパッケージという形で販売するにとどまっている。

9割以上のコンテンツは、数回放映された後は、日の目を見ることなく消えていく運命だ。どの番組もそれなりにお金や時間をかけて制作しているのに、この仕組みはあまりにももったいないではないか。

さらに、視聴者のすべてがDVDパッケージ化された一部の番組だけを見たいと思っているわけではない。むしろ、そんなに視聴率が高くなかったドラマでも、好きな俳優が出ているからもう一度見たいという要望は多いはずだ。放映していたシリーズをずっと追いかけていたが、最終回だけを見逃してしまったというケースもあるだろう。

番組コンテンツがインターネットを媒体に、もっとフレキシブルに提供されていれば、自ずとこういった要望が丁寧に拾えるサービスへと成長していくはずだ。しかし、現状はまるで逆。

確かに、NHKのビデオ・オン・デマンドサービス「NHKオンデマンド」のように、一部の放送局がごく一部のコンテンツを配信する試みは既に始まっている。しかし、そのコンテンツラインアップを覗くと、もっと豊富なコンテンツが欲しいと思ってしまう。

特にNHKであれば資料性の高い番組も多い。NHKが保有している「NHKアーカイブス」のコンテンツ全てをインターネット上で配信するだけで、相当に大きな需要が見込めると私は思うのだが。

もちろん権利者への利益の配分など、調整しなければいけない事項は多い。しかし利用者目線で考えれば最終的には皆にとってハッピーなビジネスモデルは作れるはずだ。

結局、テレビ局の制作した番組コンテンツのほとんどが、壮絶な宝の持ち腐れになっている。それも、「新しいモノに対する恐れ」がそれを引き起こしてしまっているように見える。新しいモノというのは、この場合はITというものに対する恐れ。せっかく輝きのあるコンテンツが各局には豊富に揃えられているのに、それが表に出てこない。どうしようもなくもったいないことをしていると、時折もの悲しい気持ちになってしまう。

若者離れ・広告減のテレビを救うのはITだ

嘆くばかりでも仕方がない。私が理想とするテレビとインターネットのあり方をNIKKEI・NETの私のコラムで以前発表しているので紹介したい。

私は、テレビという放送波を使ったマス配信システムは、未来永劫重要なメディアであり続けると思っている。

受け身でつけっぱなしにでき、しかも無料という贅沢なメディアであるテレビがなくなったら、困る人は多い。あくまで受動的なメディアであるテレビにはそれなりの利便性があり、能動的なメディアであるインターネットと共存するものだと考えている。

しかしながら、テレビのコンテンツである番組は、必ずしもすべてがマス配信専用である必要はない。それどころか、インターネットと併用した方が全ての関係者にとってよい。

例えば、放送局は制作する番組を少しでも多くの人に見てもらいたいはずである。広告収入で成り立っている以上、より多くの人に見てもらえば告知力が高まり、メディアとしても強くなるはずだ。

昨今のように若者のテレビ離れが問題となっている状況では、番組を放送波で見てくれる視聴者の絶対数は減っていく傾向にある。となると、今までと同じ広告収入を将来は維持できない可能性が高い。

それを補うためにも、1週間程度に限定したインターネットオンデマンド配信を無料で行い、見逃し需要を確実に取り込むべきだ。もちろんストリーミングで構わない。ストリーミングであれば、DVD・HDDレコーダーで問題となっているようなCM飛ばしもできない。

放送局の関係者にこの話をすると、決まって「出演者、権利者が納得しない」という答えが返ってくる。

確かにプロダクションの中には、番組をネット配信するのであればギャラを2倍にすべきという意見もあるようだ。しかし、地上波放送1回だけでの絶対視聴者数が減っていけば、得られる広告収入も減っていく。すなわち、テレビ出演のギャラも減ることになるのを許容できるのだろうか。

この問題に対しては、見逃し需要と、アーカイブを分けることで対応できないだろうか。

つまり、3日間や1週間の見逃し需要対応の配信については今までのギャラに含ませ、再放送権はそれとは別に行使する。視聴者が1カ月前、半年前の番組を見る場合には有料となり、出演者には相応分を追加のギャラとして支払う、ということでは解決できないだろうか。

イギリスのBBCはすべての番組をネットで1週間だけ無料で見られるようにしているそうで、まさにこの考え方だ。このようにでもしないと、放送局、出演者、権利者の皆が共倒れになってしまう可能性がある。

すでにテレビの広告収入は対前年で減少傾向。放送局の収益も年々悪化している。そのうち、ギャラの水準に影響が及ぶのは必至だ。

一方で、視聴者のライフスタイルは多様化し、決まった時間にテレビの前に座って番組を見るほど暇ではなくなっている。従って、タイムシフト視聴やオンデマンド視聴の潜在ニーズは高まっている。

このまま放送局が有料のオンデマンドにこだわり続けていると、それらのニーズは視聴無料のＨＤＤレコーダーが吸収することになり、放送局にも権利者にもお金は落ちない。

もし、日本の全５０００万世帯が1台5万円のＨＤＤレコーダーを購入したとしたら、２兆５０００億円。もし放送局が自らのサーバーで見逃し需要向けのオンデマンド配信をやれば、各家庭に数百ＧＢのＨＤＤが設置されるという壮大な無駄を防ぐことができる。

しかもユーザーはわざわざ事前に予約手続きをする必要がない。まさに三方丸く収まり、誰も困らないと思うのだが……。

また、現在の視聴率を視聴人数に変換する方程式を作ることを提案したい。

視聴率が50パーセントだからといって、母数が1億２０００万の人口全てということはないはずで、何らかの方程式を作れば視聴率を人数に置き換えられる。

一方で、オンデマンド配信の方は確実に視聴回数・人数を把握できるので、新しい尺度をこの2つを足した視聴人数にすれば、ほかのメディアとの比較も容易になる。ネット配信をすると視聴率が下がって広告主が去るのではないかという放送局側の懸念も解消できると思う。

「パソコンの操作がわからないし、オンデマンドだと何を見たらいいかわからない」などという方は、今までのテレビの見方をそのまま続ければいい。これまでのライフスタイルを崩さなくて結構だ。

現状のテレビが抱えている大きな問題は、パソコンの操作ができ、かつ忙しい人たちの数が着実に増えていくことだ。その人たちもカバーしていかなければ、テレビそのもののメディアパワーが落ちていってしまう。

ホリエモンの登場以来、長らくＩＴに振り回されてきたように見えるテレビであるが、今こそテレビがＩＴを使いこなす時が来たのではないか。そう強く感じている。

新聞社こそ、ウェブの特性を生かせる

新聞も同じだ。新聞社の強みは何かと言うと、記事が掲載されている「新聞＝紙」そのものではなく、編集力、目利き力ではないか。

山ほどのニュースが各通信社、提携新聞社、ニュースソースから入ってくる。これを、どれを一面にするか、どの記事を使うか。また、総理大臣の談話を拾ったらどういうふうに言葉にまとめるか。これは記者の編集能力と、それから紙面を構成する整理部、この2段階の「編集力」が肝なのではないか。

記者も100のことを聞いたうちのどれをエッセンスとして使うか決める時点で編集能力、文章能力を問われている。さらに、新聞社として紙面に何を残すかという、編集能力、文章能力も問われる。このことに毎日対峙し、記事を創り上げていくのは本当にすごいことだと思う。

この編集能力をフルに生かすことができれば、インターネットでこれだけ情報が簡単に手に入る時代だからこそ、メディアにとってはチャンスなのだと考えることができる。なぜなら、市井の人にとっては情報が氾濫《はんらん》しすぎていて、みんな何を信じていいのか、何を選んで読めばいいのか、既にわけがわからなくなっているから。

しかし、そこで考えてほしいのは、仮に新聞や雑誌の場合、結局強みになるのは「紙の価値」か、「編集の価値」かというと、明らかに編集の価値であるということ。紙は、単なるツールにすぎない。

だから、紙媒体は生き残れるか、いるのかいらないのかなどという議論は不毛だと思う。紙はツールとして、紙の形で存在し続けるべきなのだから。

ウェブと紙、両方が存在していてもいいではないか、特性が全然違うのだから。

新聞社になぜ両方やらないのかを問うと、「紙の部数が減るから」との答えが返ってくる。

しかし、紙に遠慮してウェブをないがしろにしたら、両方だめになる。なぜなら、自社の中だけでネットと紙の両立のバランスを調整していたとしたら、他社が違うことをやったときに負けてしまう可能性が高くなるからだ。

幸か不幸か、日本の場合は、新聞各社が紙至上主義で、あるときは相談し合いながらウェブと紙のバランスを決めていくから、新しいものは出てきにくい。

ウェブと紙の特性をうまく生かしきれていないこういった新聞社のやり方は、本当にもったいないことだ。

第四章

旧来型日本企業への提言

第一節　ウェブビジネスと現代の日本社会

ウェブとは、ビジネス戦線を勝ち抜くための〝武器〟である

ここまで説明してきたように、ウェブは正しく使いさえすれば、これまでアクセスできなかった顧客へリーチできる強力な武器になる。

とりわけ「飛び道具」としての性格が強い。地方からでも東京、あるいは日本全国、さらには世界を相手に商売ができる。

そんな飛び道具を使えるならば、どういう戦略を立てるかで、ビジネスの根幹が変わる。飛び道具を手に入れるまでは、領土を侵略しようと思ってもある程度のエリアしか想定できなかったのが、思いもかけなかったその先のエリアもターゲットに入れられる。ウェブとはそんなイメージだ。ビジネスのドメイン、顧客、マーケット、ビジネスのやり方、在庫の持ち方――これらすべてのプロセスを見直すことが、飛び道具を使いこなすコツだ。

多くの企業では、「ウェブとは単に出口が1個増えただけ」と捉えるか、「ウェブを作っておくこと自体が目標」になっていた。それぐらいの試みにもかかわらず、いちおうウェ

ブ対応していることを誇大宣伝したがる。

ウェブに対応すること自体が目的化し、ビジネスの変化を考えようともしないのだ。それは、まったくもって意味がないと思う。

ウェブは決して「出口のひとつ」などではない。ましてやウェブというツールが自分たちのビジネスを浸食すると考えてしまうのは、愚かしいにもほどがある。

自分たちのビジネスを喰《く》うのではなく、ビジネスを広げるためにウェブは存在しているのだ。コスト構造が変わるわけだから、従来の流通と値段が一緒ではおかしいはずなのに、そこに目をつぶってウェブを迫害するのでは、自分で自分の首を絞めるだけだ。

ポリシーなき経営者が会社を潰す

ウェブビジネスを始める際、大企業で多いのは、経営者が「何か新しいことをやれ」というオーダーを出すパターンだ。

これでは最初からうまくいかないことが決まっているようなものだ。

「何か新しいこと」、その中身が指令を出している本人にわからないのだったら、もうその会社のウェブビジネスはその時点で失敗している。

経営者が、「常に新しいことに目を向けろ」という意味で、何か新しいことをやれと発言しているのであればまだいいが、自分には何のアイデアもないのに、ビジネスのアイデアを探してこいというのは、経営者が自分の会社を見限っているに等しい。

少なくとも、トップとして会社を俯瞰した際、組織としてどの分野が向いているかといったことくらいはきちんと指摘しなければ、部下の方もやりようがないではないか。

ベンチャー企業の場合、たまたま社長が異業種交流会あたりで知り合った人間たちから話を聞いて、「それはおいしいビジネスだ」「この分野は伸びる」からと思いつきでゴーサインを出す。こんなこともよくある。

長年のパートナーや顧客ならいざしらず、単純にどこかの飲み会でたまたま聞いてきた話を基に、事業を展開する。こんなケースはよくあるのではないだろうか。

また、中小企業やベンチャー企業の場合は現在抱えている人材リソースの中で新規事業を立ち上げようとするから、さらに無理が生じてくる。

たまたま知り合った人から聞いたアイデアが、本当にすごいものだったのかもしれない。

しかし、そうであればあるほど、新機軸ビジネスに向いた人材を集め、チームを組むことから始めなければ、うまく回るはずがない。深く調べようとせず、根拠もなく簡単だからと、いまいる人材にオーダーを出してしまう。

実はベンチャーだけでなく、大企業も状況は一緒だ。大企業では、へたに頭数は揃ってしまうので、何のイメージもないまま組織まで作り、作られてしまった組織はその存続のためだけに仕事を増やそうとし始める。

こういったことは、ポリシーのない人が経営している会社に多く見られる。と思って現実に目を向けると、日本にはポリシーのない経営者が多すぎると感じる。

ポリシーのない経営者が率いる企業は、仮にウェブビジネスに進出したとしても決して儲かりはしない。

自分の会社の強みや弱みは何かをきちんと考え、強いところをどんどん伸ばしていけば会社は成長する。それにもかかわらず、あえて自分たちがやっていない新しい分野、つまり弱いところに人もお金も突っ込んでいってしまったりする。

例えば、英語ができないにもかかわらず、海外展開を狙うと言いきってしまう経営者。これでは、社員たちが不安に思うのも無理はない。

「当たり前に当たり前のことを指摘し行動していれば、世の中は変わる」

これは、私の人生のテーマだ。やはりある種の正義感、つまりポリシーがないと、ビジネスは貫徹できないと私は考えている。

権限と責任を与えて初めて生まれる、新しい付加価値

だからこのIT時代、新しい商品開発も含めたすべての権限をリーダーに任せよう！と私は提案したい。

大切なのは、議論よりアサインメントを重視すること。リーダーを決めたらその人間とそのチームにできるだけ考えさせて、横や上からちゃちゃを入れない、その代わり責任も取らせる——というやり方だ。

権限と責任をきちんと与えなければ、新しい付加価値を持ったサービス、新しいサービスというのは生まれない。

日本企業は昔から、社内のいろいろな部署から人を集めて議論を尽くし、方向性を決めるやり方が主流だった。小中学校の学級委員会方式だ。

ところが、IT時代になって、大きく変わりつつある認識がある。

「議論を尽くしても結論は出ない」、皆がこのことをわかってきたのだ。

例えばインターネット上の掲示板で議論を交わすと、それぞれが少しずつ違う観点から

ものを見ているために、合意をつくるということ自体が非常に難しい。相互にいろいろな背景や思想などが絡み合っているので、それらを完全にひもといて理解するということが、ほぼ不可能に近いのだ。

リアルの人間関係でも、物事には何においてもいろいろな見方がある。情報が様々な場所から大量に集まってくれば、見方はますます複雑になる一方だ。しかもそれぞれ相互に関連性が高いことが多く、全てを理解しようと思ったら一生かかってしまう。

また、情報量が多すぎることも結論、合意を形成しにくくする要因のひとつだ。

例えば、社内で何か新しい試みをやるとしよう。インターネットで情報を収集すると、その試みを推奨するポジティブな情報はたくさん集められる。しかし同時に、その試みがいかに大変か、危険な事例を挙げているネガティブな情報も膨大に集まってしまう。これらの情報を基にしながら議論をしても、結局は時間がかかるだけで、結論が出なくなってしまうのだ。

もうひとつ、ＩＴ時代は状況変化のスピードがあまりに速すぎるのもこれまでの常識を覆す。情報集めをしている間、もしくは議論が複数回にわたった場合、数週間で社会環境が変わったために前回の議論が無駄になった……ということもよくありがちだ。

「皆で議論を尽くす」、これは長い間、日本企業の美徳とされてきた。しかしこれまで述べてきた通り、現代においては時間をかけて議論を尽くせば尽くすほど、結論が出ない。出ないのであれば、思いきってやり方を変えるしかない。

責任者を決め、責任と権限そして信念を持ち、ある意味自分の人生を懸けさせる。うまく遂行できなかったら、責任を取って辞めさせる。ＩＴ時代に新しい付加価値を持った商品なりサービスを生み出したかったら、それしか方法がないと私は思う。

『釣りバカ日誌』のハマちゃんが社長になる悲劇

「ひとりに責任を負わせてうまくいかなければ辞めさせるなんて！　従業員には厳しいのでは？」——と言う声が聞こえてきそうだが、誤解しないでほしい。私は単なる従業員に責任を負わせろと言っているのではない。

あくまでも、リーダー、経営者に要求しているのだ。事業責任者に責任をとることを要求して「そんなのは大変だ」と言うのであれば、その人はそもそも事業責任者に向いていない。

付加価値のある商品を生み出しにくくなった現在の日本企業を作り出したのは、企業のシステムだ。事業の責任者になりたい人も、なりたくない人も一律に、年齢を経ると給料と地位が上がっていくというシステム。

「大変だ」などというのは、部長以上の役職には関係ない。上級管理職や経営層になればなるほど課せられた課題は大きく、責任を負う立場だ。その分、報酬をもらっている。

そうやって事業と共に責任を任されるリスクを取って、新しい価値、新しいビジネスを作っていく。以前と同じことを継続してやるのではなく、プラスアルファで何らかの改善をきちんとやっていくのが経営層、あるいはリーダー層のミッションではないか。

それが嫌な人は、経営者にならなければいいのだ。万年平社員でいい。『釣りバカ日誌』だって、ハマちゃんは自ら永遠の平社員を選んでいる。それだって立派な生き方なのだ。

問題は、現在においてもなお、ハマちゃんのような生き方をすべき人が経営者になってしまう悲劇が起きていることだ。成功ストーリーとして取り上げられはするだろうが、残念ながら実績がない。本人が好むと好まざるとにかかわらず、ハマちゃんが社長になったとしたら、それは会社にとって破滅の第一歩なのだ。

多様性のあるところで〝和〟は機能しない

ＩＴの発祥地であるアメリカと日本では、議論や意見の受け止め方に対して、大きな違いがある。

そもそもアメリカでＩＴが生まれたのは、アメリカが多様性を前提とした社会であったことが大きい。人種も違えば文化も考え方も違うことが当たり前だった。ＩＴは、そんなアメリカ社会に向いていたのだ。

例えば、何か事件が起こった際、その事件についてブログにブロガーが自分の考えをエントリーしたとしよう。１００個のブログがあれば、１００通りの意見がある。好意的な見方も憎悪むき出しの見方も存在する。インターネットでその件に関するエントリーを探して読めば読むほど、わけがわからなくなってきてしまうだろう。

しかし、本来ウェブとはそういうものだ。

ところが日本の経営者――特に50代以上は、ほとんどの人がＩＴに関して無知とも言っていいくらいの価値観しか持っていない。「ウェブの意見としては、いったいどれが本当の意見なんだ」などと平気で聞く経営者が多数存在する。インターネットではどう報道されているのかと。

日本ではマスメディアが画一的な報道を繰り返してきたおかげで、ウェブにいろいろな意見が溢れかえっていることが、にわかには受け入れがたいようだ。しかし、これだけ多様化したインターネットの世界で、「ウェブの意見」が単純に括《くく》れると思う方がどうかしている。

さらに、日本のリーダーは特に、職場で和を作ろうとして皆の意見を集約し、皆がついて来そうな方向性を示すリーダーシップになりがちだ。皆が仲良くできる環境を整えることだと勘違いしているようにも見受けられる。

しかし、本来リーダーとはその名の通り、皆をリードする役割の人を指し示す。アメリカのリーダーシップがまさにそうだ。多様性のある集団を放っておけばけんかになる。また、根幹の部分から意見が対立しているのがわかっていれば、リーダーがひとつの方向へ引っ張っていくしかない。

日本のリーダーシップは和の精神が影響しているが、それは和ですらないことに気づいてほしい。和は、多様性がある状態では機能しない。インターネットの普及により、日本においてすら多様性が進んだいま、もはや昔のやり方は通用しないのだ。

インターネットが多様化に拍車をかけた

自分が興味があるものの情報を、自由に検索して集めることを可能にしたインターネットは、日本の多様化に拍車をかけた。

これまでは、知名度に関するしきい値はある程度決まっていたものだが、興味にまかせてウェブ検索したり、SNSでこれまで接触することもなかった仲間と出会えてしまういまの時代、しきい値はほとんどなくなってしまったと言っていい。こうして、多様化がどんどん進んでいった。

そんな時代へと変化しているにもかかわらず、まだ従来の「マス」の概念を持ったまま、人やビジネスにあたると大失敗する。

もう〝マス〟という概念は、ネットの普及により存在しなくなった。本の売れ方も、ミリオンセラーがたくさん出るのではなく、意外なジャンルの本が売れたり、ある一定の層から長い間支持を得たりと、バラエティに富むようになった。購買層の趣味が多様化しているのを反映しているのだ。

現在の40代、つまりバブル世代までは、「皆で同じ価値観を持ち、同じ方向へ進む」のが、ひとつのファッションとしてもてはやされていた。だが、もはやそんな価値観そのものが否定されている。

クラブに興味を持って通う子もいれば、行かない子もいる。友達がクラブに行こうが行くまいが気にならない。一世を風靡《ふうび》したディスコに、皆が同じような出で立ちで繰り出し、同じような踊りを踊ることをよしとしていた価値観とは、もうまるで違うのだ。

生き方そのものも、昔推奨されていた「いい学校に行くこと」だけが価値ではなくなった。さらに少子化が拍車をかけていて、いまは逆に子供の方が学校を選べる時代だ。

このように、若い世代には既に大いなる多様化の波が押し寄せ、のみ込まれている。

それに対して、いまの経営者層、日本の政財界のリーダー層は、いまだ多様化社会に生きていない。だから、若者の間では当たり前となっているネット情報社会に関する理解が非常に乏しいのだ。

処方せんはひとつしかない。それは「早く退くこと」だ。

ネットリテラシーの低い顧客にビジネスを合わせてどうする！

もちろん、ウェブビジネスの成功は、企業側の努力はもちろんのこと、ウェブに対するユーザーリテラシーが大きな鍵になるのも確か。しかし、それも程度次第だ。

「パソコンや携帯電話でネットを使えない人がいるから」などということを言い訳にして自社のウェブサービスを見直さないのは、「電車に乗れない人がいるから多店舗展開をやめよう」というのと同じような話だ。多店舗展開を考えるとき、電車に乗れない人のことまで考える企業があるだろうか？

もう、言い訳はやめよう。

「ケータイ端末を使いこなせない人もいるから」「インターネットといっても、やれることにはまだまだ限界があるから」……。

「〜だから」は、考えようと思えば無限に浮かんでくる。これらを理由にウェブビジネスをやらないのは、結局はやりたくないということだ。新しいことをやるのが面倒くさいという考えがよぎっている場合もあるだろう。

どちらにしても、国内ではインターネットにしてもケータイにしても、かなり立派なインフラが整っている。「使えない人がいる」という言い訳は通用しない。

また、仮にウェブビジネスを始めるコストがバカ高いのであれば言い訳したくなるのもわかるが、むしろリアル店舗を1店舗出店するよりも相当コストが抑えられるのは、これまでの記述で何度も説明した通りだ。

ちなみに、一律に若い人がリテラシーが高く、年配の人がリテラシーが低いかというと、そんなことはない。要は、やる気の問題だ。例えば60歳でも電子メールをやり取りしている人はザラだ。事実、私の母は66歳でもメールもウェブも使っている。

ネットリテラシーの面で、日本が遅れているとはまったく思わない。事実、先進ユーザーは、アメリカなどでは実現できないようなウェブサービスを使いこなしている。

だが、使いこなしていない人は、どんなに啓蒙しようがどんなに環境を整えようが、使いこなせるようにはならないものだ。なぜなら、やる気がないのだから。

ウェブビジネスはそういった層に照準を合わせてはいけないし、合わせているとしたらそれは無駄な努力というものだ。

高度成長期の後進国根性は、現代日本をダメにする

「平均値を上げようと思ったら、トップを伸ばす方が早い」

これはネットリテラシーに言えることだが、学校教育で考えるとわかりやすい。クラスの平均点を上げようと、中間層の生徒を熱心に教育してもなかなか点数は上がらない。しかし、一番できる生徒のレベルをさらに上げてやると、それに影響されて追従する生徒が

必ず現れる。こうして全体の学力レベルが上がっていくのだ。

だがビジネスにおいて、もともと後進国から先進国へと進化した国である日本は、そうしたやり方をとってこなかった。後進国からキャッチアップするときは、中間層を上げて平均を上げるのがより効果的な方法だからだ。

ところが、いまや日本がトップレベルに上り詰めた業種は数多くある。さらにレベルを上げるには、自国のトップエンドを伸ばすこと。そうすれば、つられて上がるに決まっている。

ウェブの世界で言えば、「日本は他国と比べてまだ遅れている」と言う人がいる。しかし、それは大きな間違いだ。

日本はもう、ウェブに関しては最先進国のひとつだと思う。事実、先端ユーザーは、日本の恵まれたウェブ環境やウェブサービスをこの上なくエンジョイしている。高速なインフラも整っており、この点に関してはアメリカより上を行っていると思う。

ただし、こういったウェブの環境・ウェブビジネスについてこられない人、サービスを使ったことがない人が、大きな声でブーイングしすぎなのだ。

いますぐ英断を!

価値観の多様化やスピーディーな働きが求められる現在においても、ＩＴによる社会の変化に対して日本企業は、各論では理解できても総論ではまるで理解できていない。これが、「言い訳」が生じるもうひとつの理由だ。

各論を言う方にも真理がある。

「ウェブビジネスはまだ新しい、オンライン販売なんて全体のシェアから見ればまだ1パーセントにも満たないではないか。そこで扱う商品を安くすれば、残り99パーセントに携わる人間のやる気がなくなるではないか」

これはある一面から見れば、ごもっともな話だ。

しかし、それはやり方次第で何とでもできる話だ。しかも、10年単位でものを考えた議論ではない。

とりあえず目先のことを考えれば、ウェブビジネスに対していわゆる様子見をするのは正しいのかもしれない。しかし、企業として10年後に生き残れなければ何の意味もない。そのためにいま、対策をしてでも新しいトライをすべきだろう。

ところが、トライをすることでいまの秩序が崩れる方を恐れ、結局何もしない。こんなケースは、もう話にならない。

各論はあちこちで起こるものだが、結局は総論として見る経営者が不在なのが大きな問題なのだ。

事業部門のヘッドや会社の社長といった、いわゆる経営の観点でこの事業を将来的にどうするかを決める人たちが判断することで、初めて企業が変わる可能性が生まれる。

ところが残念ながら日本の企業においては、その経営層が一番、インターネットリテラシーが低い。もっと言うなら、50代以上の経営者。

申し訳ないが、わからないなら早く下の人に任せてくれ、と私は言いたい。それが、会社に対する最大の英断であり、貢献になるのだから。

第二節　本当は限りなく高い日本のポテンシャル

日本の強みを再確認しよう

これまで、日本企業やその責任者たちをダメだダメだと言い続けてきた。

しかしながら実のところ、「日本はウェブビジネスにおいて、非常に高いポテンシャルを持っている」と私は考えている。

なぜなら前述のように、モバイルインターネットもブロードバンドも、ＩＴのインフラに関しては世界最先端にあって、世界をリードしている。

ところが、コンテンツやアプリケーションに主眼をおくと、アメリカ企業の方がリードしている。私が思うに、日本はこれらの分野においても、もうちょっと高いクオリティを目指せるはずなのだ。

また、私は今回の経済危機を見ていて、つくづく日本の強みを再確認した。日本が一番強いのは、経済力だと。

日本にはまだ、１４００兆円に及ぶ個人金融資産がある。もちろん、このお金が産業を守り立てるために全て有効に回っているわけではないのだが、マクロのレベルで国の経済を考えると、こんなに貯蓄のある国はそうそう見あたらない。

よく日本の財政赤字が問題だという話が出る。確かに８００兆円の規模は世界最大であるが、実は個人金融資産の方がはるかに上だ。だから、国のレベルの収支でいくとプラスになる。貯蓄率も高くて、お金がある。

さらに、日本は人材のレベルが高い。先ほどからさんざん問題にしてきたリーダーはさておき、いわゆる工場で働いている技術者やプログラマーといった人々の平均レベルが極めて高い。もちろん、教育レベルも相当高い。

現場のレベルが高く、お金もある。しかも、インフラが整っている。こんなに条件が揃っているポテンシャルを生かせないとしたら、やはり「リーダーが悪い」としか言いようがない。

そのリーダーが悪影響を及ぼしている典型が、ITやウェブビジネスの世界なのだ。利用している人はどんどん増えているし、ウェブへの流れは止められないのに、相変わらずリーダーが使いこなせないでいる。

その証拠に、リーダーの指令がないにもかかわらず、いいサービスはどんどん出てきている。しかも、それを使う人も増えてきているのだ。

ただ、政治のリーダーも経済のリーダーも、この変化の意味を理解できないために、ただ自然体で受け入れているだけになっている。スピードが必要な現代社会においては、思いきりアクセルを踏み込む場面なのにもかかわらず、だ。

それが、現在もウェブを生かしきれていない企業が多いとか、もっとポテンシャルがあるのにまだ使っていない人が多いという結果に表れている。

つまり、日本では、ウェブは〝放っておかれている〟のだ。

リーダーの援護なく、戦略性もなく、草の根的にじわじわ広がってきているのが日本のウェブビジネスの特徴と言えよう。それでも、年率数十パーセントの勢いで、Eコマースもネット広告も伸び続けている。

もし、ビジョンを持ったリーダーが引っ張ったら、もっと早く、もっと育つだろう。さらに、国際競争力もつくはずだ。

日本が世界をリードするためにいま、すべきこと

逆にアメリカは、現場の人材という面で言えば日本よりも遅れていた。現在も、インフラは相変わらず遅れている。

それにもかかわらず、リーダーたち――投資家もリーダーのひとりとする――が、ITはチャンスと睨《にら》み、戦略的にお金を張っていった。グーグルのような、設立当時は海のものとも山のものともつかぬ会社に、赤字の垂れ流しでも何でも、バーンと賭けた人たちがいた。このITがチャンスだと。

それを、政権が擁護してきた。IT情報スーパーハイウェイ構想がいい例だ。今回も、

オバマ大統領がＩＴを積極的にやると言っている。アメリカのリーダーたちは、目の前の現実よりも、未来を見据えた話をしているのだ。

日本はむしろ、リーダーが現場より遅れている。どうしようもなくもったいない。もし日本のリーダーたちがきちんとＩＴを理解すれば世界最先端の国になれる。ひいては経済を効率化し、社会の生産性も高まる。つまりは日本の国力がさらに上がり、日本の競争力へとつながっていくはずなのだ。

そうすれば、日本が世界をもっとリードする立場になれる。そのポテンシャルに、いまの日本のリーダーたちは、気がついていない。無視してしまっている。

いまこそ、ＩＴを理解できないリーダーは交代しなければ駄目だ。現場はもう限界ギリギリまでよくやっている。この状況の変化についていくために一生懸命だ。

ウェブビジネスというのは、組織的に、何か新たなディレクションを出そうといった、会社全体のストラテジーの話なのだ。

そのことをリーダーが理解できないから、現場だけがウェブに対応し、それだけで終わってしまっている。このＩＴ時代の流れに乗って会社を全面的に変えようなんて、いまの経営者層の誰も思っていない。それは、ＩＴに関する理解不足から来ることだ。会社を、変化を嫌う方向に引っ張っていってはいけないのだ。

私は、経営者層や、いわゆる知識人、世論をリードしていくような人たちが「インターネットやITってわからないので……」と発言するのは、「自分はもうリーダーとして表に出る資格がない」ということを自分でさらけ出しているようなものだと思っている。そのことを、痛切にご自身で感じていただきたい。

日本の将来は明るい

ウェブビジネスを会社全体のストラテジーの話として捉えられない人、そういうことに気づきすらしない人を、現場の人間はリーダーにしてはいけない。

逆に自分が気づきが少ないと思ったら、一刻も早く、気づきの多い人、世の中を引っ張っていける人、会社を引っ張っていける人にどんどん交代していってほしい。IT時代は世の中の変化のスピードが速い。役員の任期も短くしていいのだから。

これまで、あえてジェネレーション括りで語ってきたが、実は50代の方々全てが後進的な人ばかりではない。もちろん先進的な人もいるが、どうも後進的な方が企業の社長に無難に収まりやすいという傾向はある。もっと言えば、あまり軋轢を作らず、なあなあでやってきた人の方が社長になりやすいという風土の会社は、成功するウェブビジネスなど絶対にできないだろう。

私はNTTドコモでiモードを作ろうと、会社を懸命に引っ張ってきた。次には、電子マネーは日銀券を脅かす存在にしなければならない、そしてその考えは現実にできるだろうと思っていたからこそ、おサイフケータイを生み出した。

そのときに蒔《ま》いた種が、いま周りで芽吹き、どんどん育ち始めた。例えば、新しいベンチャー企業がケータイを使ってこれまでになかったサービスを始めたり、私のドコモ時代の部下の中からいろいろな企業に転職し、リーダーとして活躍する者が出始めたり。

最後にもう一度言おう。

日本の将来は明るい。この明るさをより生かして、IT時代を進んでいこう。

先進的なIT技術に目を奪われて、海外の企業を真似たり、憧れたりするのは意味がない。自分たちのポテンシャルをもっと生かした先に、日本が持つ真の競争力が現れるのだ。

著者略歴

夏野剛

なつのたけし

1965年神奈川県生まれ。

1988年早稲田大学政治経済学部卒、東京ガス入社。

1995年ペンシルバニア大学経営大学院ウォートンスクール卒（MBA）。

1996年ハイパーネット取締役副社長。

1997年NTTドコモ入社。榎啓一氏、松永真理氏らと「iモード」を立ち上げる。

2005年NTTドコモ執行役員マルチメディアサービス部長就任。

2008年NTTドコモ退社。

現在は慶應義塾大学政策メディア研究科特別招聘教授のほか、ドワンゴ、セガサミーホールディングス、SBIホールディングス、ぴあ、トランスコスモスなどの取締役を兼任。

主な著書に、『iモード・ストラテジー――世界はなぜ追いつけないか』（日経BP企画）、『ケータイの未来』（ダイヤモンド社）、『1兆円を稼いだ男の仕事術』（講談社）がある。

幻冬舎新書 135

グーグルに依存し、アマゾンを真似るバカ企業

二〇〇九年七月三十日 第一刷発行
二〇〇九年八月三十日 第三刷発行

著者 夏野剛
発行人 見城徹
編集人 志儀保博

発行所 株式会社 幻冬舎
〒一五一-〇〇五一 東京都渋谷区千駄ヶ谷四-九-七
電話 〇三-五四一一-六二一一(編集)
〇三-五四一一-六二二二(営業)
振替 〇〇一二〇-八-七六七六四三

ブックデザイン 鈴木成一デザイン室
印刷・製本所 中央精版印刷株式会社

検印廃止

Printed in Japan ISBN978-4-344-98135-5 C0295
な-7-1

幻冬舎ホームページアドレス http://www.gentosha.co.jp/
*この本に関するご意見・ご感想をメールでお寄せいただく場合は、comment@gentosha.co.jpまで。

幻冬舎新書

サイトウ・アキヒロ
ゲームニクスとは何か
日本発、世界基準のものづくり法則

なぜ、世界中で、多くの人がテレビゲームにハマるのか……。日本のゲームが人を夢中にさせる仕組みを、初めて体系化。意外にも、iPod、グーグル、ミクシィの成功理由もここにあった！

本田直之
レバレッジ時間術
ノーリスク・ハイリターンの成功原則

「忙しく働いているのに成果が上がらない人」から「ゆとりがあって結果も残す人」へ。スケジューリング、ToDoリスト、睡眠、隙間時間etc.最小の努力で最大の成果を上げる「時間投資」のノウハウ。

増田剛己
思考・発想にパソコンを使うな
「知」の手書きノートづくり

あなたの思考・発想を凡庸にしているのはパソコンだ！記憶・構成・表現力を磨くのは、「文章化」して日々綴る「手書きノート」。成功者ほど、ノートを知的作業の場として常用している。

津田倫男
M&A世界最終戦争
日本企業の生き残り戦略

仕掛けなければ必ずやられる「日本vs世界」の仁義なき戦い。金融危機後、世界のM&Aは正常に戻り、そして訪れた急激な円高。この十五年間をしのいだ日本企業に今、千載一遇のチャンスが。

幻冬舎新書

山本ケイイチ
仕事ができる人はなぜ筋トレをするのか

筋肉を鍛えることは今や英語やITにも匹敵するビジネススキルだ。本書では「直感力・集中力が高まる」など筋トレがメンタル面にもたらす効用を紹介。続ける工夫など独自のノウハウも満載。

伊藤真
続ける力
仕事・勉強で成功する王道

「コツコツ続けること」こそ成功への最短ルートである！司法試験界のカリスマ塾長が、よい習慣のつくり方、やる気の維持法など、誰の中にも眠っている「続ける力」を引き出すコツを伝授する。

坂口孝則
牛丼一杯の儲けは9円
「利益」と「仕入れ」の仁義なき経済学

利益が生まれる舞台裏では何が行なわれているのか？そこには大量仕入れから詐欺仕入れまで、工夫と不正が入り混じる攻防があった。身近な商品の利益率から、仕入れの仕組みを明らかにする。

山崎元
会社は2年で辞めていい

つねに2年先の自分をイメージし、方向転換しながら、自分の適職を見つけ、揺るぎない「人材価値」を確立するためのキャリア戦略を徹底解説。会社の捨て方・選び方、転職時の要注意点も満載。

幻冬舎新書

小笹芳央
会社の品格

不祥事多発にともない、会社は「品格」を問われているが、会社を一番知っているのは「社員」だ。本書では、組織・上司・仕事・処遇という、社員の4視点から、企業体質を見抜く！

坪井信行
100億円はゴミ同然
アナリスト、トレーダーの24時間

巨額マネーを秒単位で動かし、市場を操るトレーディングの世界。そこで働く勝負師だけが知る、未来予測と情報戦に勝つ術とは？　複雑な投資業界の構造と、異常な感覚で生き抜くプロ集団の実態。

出井伸之
日本進化論
二〇二〇年に向けて

大量生産型の産業資本主義から情報ネットワーク金融資本主義へ大転換期のいまこそ、日本が再び跳躍する好機といえる。元ソニー最高顧問が日本再生に向けて指南する21世紀型「国家」経営論。

江上剛
会社を辞めるのは怖くない

会社は平気で社員を放り出すし、あなたがいなくても企業は続いていく……。だったら、思い切って会社を辞め、新しい一歩を踏み出してみては？　今すぐ始められる、その準備と心構え。